国家级一流本科专业建设成果教材

设计学方法与实践 ➔ **产品设计系列**

祁娜 编著

能产品概念设计

# INTELLIGENT
# PRODUCTS
# CONCEPTUAL
# DESIGN

智能产品概念设计的含义
智能产品的技术
创新思维方法和设计流程
设计原则和构思方向
案例分析

化学工业出版社

·北京·

## 内容简介

本书系统阐述了智能产品概念设计的核心理论与实践方法，旨在帮助读者掌握智能产品设计的基础知识、创新思维、设计流程及设计原则等。

全书共五章，内容循序渐进，逻辑清晰。首先，从设计的本质及发展趋势入手，为智能产品概念设计奠定理论基础，概述智能产品概念设计的内涵、特点及发展背景等，使读者对其基本框架有清晰认知。其次，重点讲解智能产品概念设计的创新思维方法和设计流程，包括创意思维训练、用户需求分析、功能定义、形式探索等，帮助读者构建系统化的设计思维。再次，围绕智能产品的设计原则，探讨如何在产品功能、美学、交互体验及可持续性等方面进行创新，提升产品的竞争力和用户价值。最后，通过典型案例解析具体的设计思路、方法运用及创新策略，结合实践加深读者对理论知识的理解。

本书适合作为高等院校工业设计、产品设计等专业的教材，也可供智能产品研发人员、设计师及对智能产品设计感兴趣的读者参考。

**图书在版编目（CIP）数据**

智能产品概念设计 / 谢淑丽，祁娜编著. -- 北京：
化学工业出版社，2025. 6. --（设计学方法与实践）.
ISBN 978-7-122-47841-2

Ⅰ．TB472

中国国家版本馆 CIP 数据核字第 2025TD8580 号

责任编辑：孙梅戈　　　　　　　　文字编辑：刘　璐
责任校对：宋　夏　　　　　　　　装帧设计：韩　飞

出版发行：化学工业出版社（北京市东城区青年湖南街 13 号　邮政编码 100011）
印　　装：北京宝隆世纪印刷有限公司
710mm×1000mm　1/16　印张 10½　字数 207 千字　2025 年 7 月北京第 1 版第 1 次印刷

购书咨询：010-64518888　　　　　售后服务：010-64518899
网　　址：http://www.cip.com.cn
凡购买本书，如有缺损质量问题，本社销售中心负责调换。

定　　价：68.00 元

# 前言

　　随着科技的迅猛发展，智能产品已成为人们日常生活中不可或缺的一部分。从智能手机、可穿戴设备到智能家居和自动驾驶汽车，智能产品正逐步改变着人们的生活方式、工作模式以及对世界的认知。这种变革不仅仅是技术的进步，更是设计思维的深刻转型。如今的智能产品设计不再局限于形态和功能的单一优化，而是更加注重人机交互、用户体验、情感共鸣和系统整合的整体提升。智能产品概念设计正是在这一背景下应运而生，成为设计领域中最具前瞻性和挑战性的研究方向之一。

　　当前，我国正在积极推进"制造强国"建设，聚焦"专精特新"企业的创新与发展，推动科技创新体系的建设，致力于通过自主研发和技术创新，提升国家制造业的核心竞争力。智能产品设计不仅是推动制造业高端化、智能化建设的重要一环，也是提升国家创新能力的重要途径。

　　本书的编写旨在引导读者全面理解智能产品概念设计的核心理念、设计方法和发展趋势，为培养新一代设计师提供理论与实践并重的指导。我们力求打破传统设计与新兴技术的界限，将人机交互、数据智能、物联网、虚拟现实等多种学科知识融入设计思维中，探索如何通过智能产品为用户创造更便捷、高效且富有情感联结的体验。书中内容围绕智能产品概念设计的关键环节展开，涵盖了从用户需求分析、设计思维、技术整合到方案优化的全过程。讨论智能产品在满足人类需求和提升生活品质方面扮演的重要角色，探讨创新思维方法，帮助设计师打破思维定式，创造出具有颠覆性和差异化的产品概念。此外，本书还特别关注如何通过优化自然交互方式和打造沉浸式体验，提升产品的用户参与感和情感价值。通过大量的案例分析和设计实战演练，我们希望为读者提供系统化的学习路径，激发其对智能产品设计的热情和创新潜力。

　　智能产品概念设计不仅仅是一门课程，更是一种面向未来的设计哲学。希望通过学习本书的内容，读者能够掌握智能产品概念设计的核心方法，培养敏锐的洞察力和跨学科的思维能力，在智能化时代成为引领创新的设计力量。

# 目录

## 第1章 设计的认识

1.1 关于设计 …………………………… 002
1.2 设计的本质 ………………………… 003
1.3 产品设计的意义 …………………… 004
1.4 概念设计的产生和发展 …………… 006
1.4.1 概念设计的起源 ………………006
1.4.2 概念设计的演变 ………………007
1.4.3 概念设计的发展趋势 …………008
1.5 概念设计的含义 …………………… 010
小 结 …………………………………016
思考与习题 ……………………………017

## 第2章 智能产品概念设计概述

2.1 智能产品设计 ……………………… 020
2.2 智能产品的技术 …………………… 020
2.2.1 物联网技术 ……………………021

2.2.2 大数据和云计算 ………………023
2.2.3 人工智能 ………………………024
2.3 智能产品概念设计的背景和
重要性 ………………………………026
2.3.1 智能产品概念设计的背景 …………026
2.3.2 智能产品概念设计的重要性 ………027
2.4 智能产品概念设计的含义 ………… 028
2.5 智能产品概念设计的特征 ………… 031
2.6 智能产品概念设计的创新准则 …… 032
小 结 …………………………………039
思考与习题 ……………………………039

## 第3章 智能产品概念设计创新思维方法和设计流程

3.1 智能产品概念设计的创新
思维方法 ……………………………042
3.1.1 设计概念思维模式衍生方法 ………042
3.1.2 联想设计法 ……………………051
3.1.3 定点设计法 ……………………053
3.1.4 头脑风暴法 ……………………058
3.1.5 情境导引法 ……………………061
3.2 智能产品概念设计的设计流程 …… 065
小 结 …………………………………066
思考与习题 ……………………………067

# 4

## 第4章 智能产品的设计原则和概念设计构思方向

**4.1 安全性原则** ················· **070**

4.1.1 产品使用过程安全性原则 ··········070

4.1.2 产品设计过程安全性原则 ··········071

**4.2 智能化原则** ················· **072**

**4.3 易用性原则** ················· **073**

4.3.1 智能产品设计的易用性 ···········073

4.3.2 智能产品App的易用性 ···········074

**4.4 智能产品概念设计构思方向** ········ **077**

4.4.1 创造更智能便捷的产品使用体验 ·····078

4.4.2 创造智能化的产品情感体验 ········096

小 结 ·······················111

思考与习题 ·····················111

# 5

## 第5章 智能产品概念设计案例分析

**5.1 生活类智能产品概念设计** ········· **114**

5.1.1 基于户外运动爱好者的多功能AR
眼镜设计 ··················114

5.1.2 仿生向日葵智能晴雨伞设计 ········116

**5.2 医疗健康类智能产品概念设计** ······ **122**

5.2.1 概念救护车设计 ···············122

5.2.2 微水·自动洗澡床概念设计 ········130

**5.3 装备类智能产品概念设计** ········· **137**

5.3.1 森林火灾救援设备——无人侦察车
设计 ····················137

5.3.2 基于四川地区的智能果园农药喷洒
无人机设计 ················142

**5.4 针对特殊群体的智能产品
概念设计** ··················· **149**

5.4.1 视障女性卫生巾设计 ············149

5.4.2 针对井下工作者的智能多功能
面罩设计 ·················153

小 结 ·······················159

思考与习题 ·····················159


**参考文献** ···················· **160**

# 1

## 第 1 章  设计的认识

**本章学习重点：**

① 了解设计的概念、设计的本质以及产品设计的意义；
② 了解概念设计的产生，掌握其发展趋势；
③ 区分概念设计的两层含义。

# 1.1 关于设计

设计一词在《现代汉语词典》中的解释为"在正式做某项工作之前，根据一定的目的要求，预先制定方法、图样等"。从实践的角度来说，所谓设计，指的是把一种计划、规划、设想、解决问题的方法，通过视觉的方式传达出来的活动过程。有人为设定，先行计算，预估达成的含义。

工业设计大师维克多·帕帕奈克（Victor Papanek）提出，设计（design）是为构建有意义的秩序而付出的有意识的直觉上的努力。以上内容可以从两个方面理解：一方面，理解用户的期望、需要、动机，并理解业务、技术和行业上的需求和限制；另一方面，将这些已知的东西转化为对产品的规划（或者产品本身），使产品的形式、内容和行为变得有用、能用、令人向往，并且在经济和技术上可行（这是设计的意义和基本要求所在）。这个定义可以适用于设计的所有领域，尽管不同领域的关注点从形式、内容到行为均有所不同。

最简单的对于设计的理解，就是一种有目的性的创作行为。人类历史就是产生梦想并实现梦想的历史，人类天生具有对美好未来、美好生活的向往及追求的欲望，这些向往与追求推动着人类历史不断向前，并飞速发展。

设计与生活息息相关，与每个人都有关系。当生活中遇到不方便或者不舒服的事情时，我们都会不自觉地想着去改变，只不过大多数人只是在脑海里一闪而过，而产品设计师则会想办法把创意变成实体。所以我们说设计是一种能力，而不仅仅是知识。

这里举一个例子，图1-1是针对帕金森病患者手部长期处于抖动状态设计的一款吃饭时使用的电动勺子，该勺子可解决患者吃饭时食物撒落的问题。根据稳定器原理，平稳的抖动不影响吃饭；前端配有可拆卸头，方便清洗更换；通过USB接口充电，方便随身携带；使用

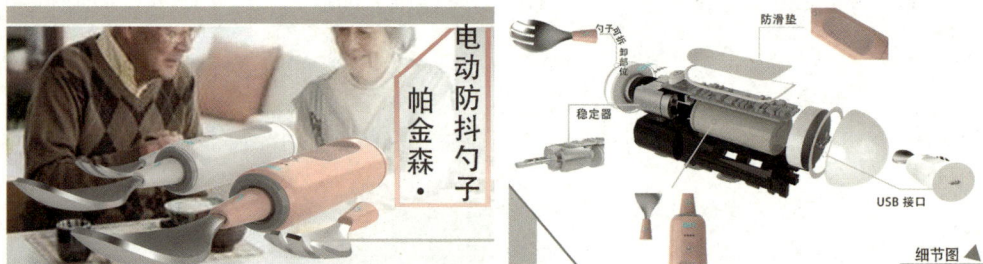

图1-1 针对帕金森病患者设计的电动防抖勺子（作者：西华大学2019级产品设计专业 杨志敏）

超轻复合材料，质量较轻，患者长时间使用也不会感觉累。可以说这是一个好的设计，能够解决特殊人群生活中遇到的难题。

设计是将一种设想通过合理的规划和周密的计划，并通过多种方式表达出来的过程。人类通过劳动改造世界，创造文明，创造物质财富和精神财富。而在这一过程中，最基础和主要的创造活动是造物。设计作为造物活动的前期规划，起到了关键作用。任何造物活动的计划、技术和过程都可以被理解为设计。

# 1.2　设计的本质

从认识论的角度来看，设计的本质在于人们对设计的理解，即关于设计的思想、观念和理论。设计不仅仅是一个过程或活动，更是对事物进行深层次分析和创新思考的结果。设计的核心在于如何将抽象的理念转化为具体的解决方案，以满足某些需求或解决实际问题。

从语言哲学的角度来看，设计的本质体现在我们所使用的语言中。设计不仅是术语等语言元素的集合，更是一种语言表达和沟通的过程。设计的语言反映了人们对设计的认知、期望和需求，而这些语言元素又反过来影响和塑造设计实践。设计即语言，通过设计，我们表达思想、传递信息和展现文化。

设计的本质在于创造性地解决问题或满足需求。这一过程通常涉及从多个角度进行综合考虑、规划、组织和呈现。设计不仅仅是对美的追求，更包括功能性、可用性、实用性和创新性等多方面的考量。通过这种综合的方式，设计不仅美化事物，还提升其功能性和实用性，从而更好地满足人们的需求。

设计的根本目的是解决问题或满足特定需求。为了实现这一目标，设计师需要深入了解问题的本质和用户的需求，从而提供合适的解决方案。设计不仅涉及创造性思维和创新性表达，还要求设计师提出新颖、独特的解决方案，使产品或作品在竞争中脱颖而出。在设计过程中，设计师必须综合考虑功能、美学、可持续性、成本和材料选择等因素。综合考虑有助于产生全面而优化的设计，确保设计既具备视觉吸引力，又能有效实现其功能。

设计的成功与否常常取决于用户体验。因此，设计师需要关注用户如何与产品或作品互动，确保其在使用过程中获得良好的体验。优秀的设计将形式和功能有机融合，即在追求美学的同时保持产品的实用性和功能性。这种平衡不仅提升了产品的吸引力，还确保其能有效地满足用户的实际需求。

此外，设计是一种沟通和传达的方式。设计师通过作品传递特定的信息、情感和价值观，与受众建立联系。这种沟通使设计更具影响力和共鸣。设计往往是一个不断迭代和改进的过程。从原始概念到最终成品,设计师需要反复调整、修改和优化,以达到最佳效果。这种迭代过程确保设计在不断变化的需求和环境中保持相关性和有效性。设计受到文化、社会背景和时代特点的影响。设计师需要考虑不同文化背景下的价值观和审美观念,以确保设计能够与不同受众产生共鸣。这种文化敏感性不仅提升了设计的接受度,还使其在全球化背景下更加多样化和包容。

总之,设计的本质在于解决问题、满足需求和创造新事物。这一过程依赖于创新思维和综合考虑,将形式与功能、美学与实用性有机融合,为人们带来有价值的体验和成果。

# 1.3 产品设计的意义

产品设计是指将创意、功能、技术、美学和实用性等因素综合考虑,以满足特定需求和目标,创造出具有独特特点、能够满足用户期望并在市场上有竞争力的产品的过程。产品设计涉及从概念到实际制造的全过程,旨在创造出能够解决问题、满足需求,并在用户中产生积极情感和体验的产品。

产品设计不仅关注外观和形态,更涉及多个关键方面,以确保产品的功能性、用户体验、人体工程学、技术可行性等方面达到最佳平衡,从而具备市场竞争力。

功能性:产品设计的核心在于满足特定需求,确保其操作便捷、性能稳定,并有效实现预期功能,提高产品的实用价值。

用户体验:良好的用户体验至关重要,设计需关注人机交互、操作流程及产品易用性,使产品更直观、高效,增强用户黏性与满意度。

人体工程学:合理运用人体工程学原理,确保产品在尺寸、操作方式、握持舒适度等方面符合人体结构和使用习惯,缓解使用疲劳,提高安全性与便利性。

技术可行性:设计需结合当前技术水平和制造工艺,确保方案具备可行性,并优化生产流程,以提高制造效率和产品稳定性。

创新性:产品设计应注重创新,结合市场趋势与新兴技术,探索新的功能、材料或交互方式,以提升产品的市场竞争力。

环境友好性:考虑产品生命周期对环境的影响,合理选择材料,优化制造和回收方式,推动可持续设计,实现环保与经济效益的平衡。

市场需求:产品设计需基于市场调研,分析目标用户需求、消费趋势及行业竞争情况,使产品更符合市场定位,提高商业价值。

生产与成本控制:在保证产品质量的前提下,优化生产工艺,合理控制制造成本，提高资源利用率，确保产品在市场中的竞争优势。

如图 1-2 所示的便携多功能输液器，旨在解决患者在输液时活动不便的问题。该设计将传统的一次性输液器与现代经济发展相结合，赋予其智能、便携和多功能的特点。首先，该设计将输液器安置在手臂上，大大减少了传统输液器对患者活动的限制。通过将输液器固定在

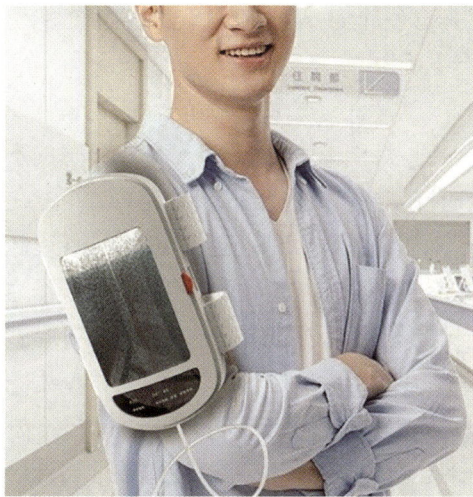

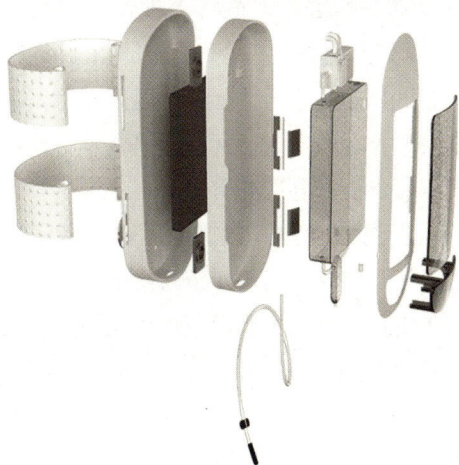

图1-2　便携多功能输液器
（作者：西华大学2019级产品设计专业　陈瑞）

手臂上，不仅能分散输液器的重量，减轻对手臂的压力，还能与输液针的位置融为一体，将患者走动时对输液针的影响降低到最小。这一设计确保了患者在活动时的舒适性和安全性。此外，该输液器采用无线供能技术，避免了传统输液器因输液架高度限制而影响患者活动的问题。无需依赖固定输液架，患者可在更大范围内自由活动，减少行动受限带来的不便，提高使用体验。

该设计虽然为大三学生的作品，存在很多技术局限，但对便携输液器进行智能化、便携化和多功能化的改进，探索出了一个更为人性化和实用的解决方案。

产品设计师总会对一些一般人容易忽略的细节作短暂的思维停留，并瞬间形成自己关于设计的判断和解读，这样的即兴思维并不是强迫性的，而是根据每一个观察对象寻找具体的解答方式，更像是一种习惯和本能，试图为人们创造一种更为合理的生活方式。

设计让生活更美好。不管是满足人们物质需求的设计，抑或满足人们精神需求的设计，其根本目的都是给人类创造更加美好的生活，凡是好的设计，都以此为出发点。

产品设计的核心意义在于提升人们生活的便利性。虽然具体设计形式各异，但其最终目的都是服务于人类，解决生活中的实际问题。近年来，"智能概念"已成为设计界的主流趋势。企业、产品设计公司和设计师们纷纷将智能概念融入他们的设计中。这种智能化设计不仅

能更好地满足用户需求,还显著提升了用户的生活质量。智能设计的广泛应用,充分体现了设计的根本宗旨:为人类服务,改善生活。

# 1.4 概念设计的产生和发展

设计旨在关怀生活和人,创造更合理的生活方式并提升人们的生活质量。设计的关键不在于创造了什么,而在于如何满足人类在生存与发展过程中不断产生的需求。在当今充满无限可能的时代,设计面临两大约束:一是设计师的想象力,二是技术的实现能力。只要拥有梦想,设计便有实现的可能。设计不仅需要技术与实践,更需要关注人类生活,帮助实现梦想,并随着人类的梦想共同成长与进步。

设计不仅是技术与创意的结合,还是对人类需求的深刻关怀。通过持续的创新与实践,设计为人类创造了更加便利和美好的生活。人类天生对未来充满想象与追求,无法想象失去这种动力后,世界将如何前行。正是这种想象力推动了人类的进步,而它也是设计师必须具备的重要能力。在概念设计与创意构思过程中,想象力起着至关重要的作用。设计师依托丰富的想象力与创造力,才能提出新颖的设计方案,满足人类对美好生活的追求。因此,培养与保持强大的想象力,是设计师在设计过程中不可或缺的能力。

那么,什么是概念设计?不同的解释可能会给出不同的答案。有些人认为概念设计就是整个设计过程,或者将其视为一种设计方法。这些解释虽有道理,但不够全面。例如,许多国际设计竞赛中设有"概念设计奖",那么"概念"究竟指的是什么呢?

实际上,概念源于哲学,指的是从现象中提炼出本质,并通过归纳总结形成系统化的想法。在概念设计过程中,关键在于对概念进行合理的定义和细化,使设计具有更明确的方向。举例来说,椅子作为一个概念,不仅仅是一件用来坐的物品,其在广义上是坐具的代表。从不同使用场景来看,椅子可以进一步细分为餐椅、办公椅、休闲椅等,这些类别体现了设计对不同需求的回应。同样,设计一辆汽车时,不应局限于它是一个交通工具的概念,而是应从出行体验的角度来思考,考虑舒适性、便捷性、环保性等要素,从而赋予设计更多层次的价值。

通过这种对概念的深层次理解和扩展,设计师能够打破传统思维框架,拓展设计的可能性,为产品创造出更具创新性和实用性的解决方案。

## 1.4.1 概念设计的起源

概念设计作为现代设计的重要组成部分,其起源可以追溯到20世纪80年代。

1984年，德国学者帕尔（Pahl）和贝茨（Beitz）在他们的著作 *Engineering Design*（《工程设计》）中首次提出了"概念设计"这一术语。书中，他们将概念设计描述为：在明确设计任务后，设计师通过分析和提炼产品功能，将其转化为更具概括性的功能结构，并结合适当的作用原理及其组合，最终确定基本的求解路径，并得出可行的设计方案。概念设计成为设计流程中解决问题、拟定方案的一个重要阶段。

帕尔和贝茨的研究为设计提供了理论框架，概念设计不仅仅是设计过程中的单一环节，而是一个系统性的思考过程。通过他们的理论，设计师能够更好地理解复杂的设计问题，并通过合理的分解与抽象，提出有效的解决方案。这一理论的提出为后来的概念设计实践奠定了基础，并且在全球范围内得到了广泛应用和发展。

与德国学者几乎同期，英国兰卡斯特大学的迈克尔·弗伦奇（Michael French）教授在他的著作 *Conceptual Design for Engineers*（《工程师的概念设计》）中也对概念设计进行了深入探讨。他认为概念设计的核心在于明确设计要求和约束条件，然后通过简化的图形或模型形式，探索广泛的设计解决方案。弗伦奇教授进一步强调，概念设计不仅是创意的迸发过程，更是对设计问题的系统分析与解决。他的研究推动了概念设计理论在工程设计中的应用，并使概念设计成为设计师思维过程中的一个关键环节。

通过这些早期研究，不难看出，概念设计作为产品设计流程中的前期阶段，主要聚焦于对设计问题的深入分析和需求的明确。它是整个产品生命周期中至关重要的第一个阶段。设计师在这一阶段必须对项目进行详细的调查与策划，分析客户的需求、文化背景、市场环境等多维因素，从而提炼出最准确的设计概念。这个过程为后续的详细设计和开发提供了方向，确保设计方案在后续阶段具有可操作性和创新性。

## 1.4.2 概念设计的演变

随着概念设计理论的逐步发展和设计实践的积累，概念设计的应用范围不断扩展。最初，概念设计主要集中在工业设计和工程设计领域，帮助设计师在技术、功能和需求的指导下形成早期设计思路。随着技术进步和市场需求的变化，概念设计逐渐超越了其学术定义，成为各个行业设计流程中的核心环节。

在工业设计中，概念设计早已不再局限于产品的功能实现。如今，它更注重用户体验、市场需求、文化背景等多维因素的综合考虑。例如，在设计一款新型智能设备时，设计师不仅要解决技术实现问题，还需要从用户角度分析设备的交互方式、操作便捷性、使用场景和美学表现等。在概念设计阶段，设计师提出的不仅是一个功能性的产品框架，更是对产品在未来市场中的竞争力和用户接受度的预判。这种多维度的考量让设计在早期就具备更高的前瞻性。

随着概念设计在工业设计中的逐渐成熟，其他领域也纷纷开始借鉴这一方法，促使概念设计扩展到更多行业。文化娱乐、商业营销、电子信息、机械制造等领域逐渐认识到，概念设计不仅能够为技术创新提供早期框架，还能够帮助企业形成有竞争力的战略构思和市场定位。例如，文化娱乐行业中的电影、游戏设计，概念设计不仅帮助设计师确立故事的视觉风格，还为引发情感共鸣、优化用户沉浸式体验打下基础。而在商业营销中，概念设计则用于探索创新的品牌传播方式，结合产品的功能特性与用户心理需求，打造更具吸引力的市场方案。

这种跨行业的应用并不是偶然，而是因为概念设计的核心在于其高度适应性。它能够整合创意、技术和市场需求，帮助设计者在概念阶段即识别问题，提出解决方案，并预测其潜在的市场价值。因此，无论是在产品创新、服务设计，还是品牌策划中，概念设计的广泛应用都显示出其不可替代的战略价值。

国际设计竞赛的兴起进一步推动了概念设计的流行和演变。许多设计竞赛专门设立了"概念设计奖"，以鼓励对创新理念的探索。例如，红点设计奖（Red Dot）和iF设计奖每年都吸引大量设计师提交概念性作品，通过前瞻性的设计，探索未来可能的发展方向。这些奖项不仅是对设计师创意的肯定，也为设计界树立了未来发展的潮流风向标。通过参与这些竞赛，设计师们获得了专业认可，而一些未曾被广泛关注的设计公司或个人也因此脱颖而出。

这些竞赛不仅仅关注设计的最终实现，更重要的是其对设计思想和理念的创新性评估。获奖的概念设计通常会引领未来几年设计行业的趋势，因为它们通过超前的设计语言和理念展示了未来技术和市场的可能性。这些竞赛也促使企业加大对前期概念设计的投入，鼓励更多创新技术和创意构思付诸实践。

概念设计的演变不仅丰富了早期阶段的设计流程，也逐步成为推动设计行业创新和进步的核心力量。它跨越了行业界限，从产品到品牌、从技术到市场，概念设计成为引领设计变革、推动未来创新的重要工具。

## 1.4.3　概念设计的发展趋势

随着科技的迅猛发展和社会需求的日益复杂，概念设计从最初的学术探索逐步演变为设计流程中不可或缺的环节。尤其在智能产品设计领域，概念设计的重要性愈发突出。在传统设计中，概念设计主要用于指导功能实现与技术布局，而在智能产品的设计过程中，它已扩展为一项多维度的综合设计工作。智能产品不仅要满足技术创新的要求，还需设计师在早期阶段对用户需求、使用场景、交互方式、数据整合以及未来的技术发展趋势进行全面的考量。这一过程不只是对设计美学的探讨，更是对产品未来可能性的一种战略性规划。

概念设计的作用在智能产品设计中的显著提升，源自现代产品本身的复杂性和多样化需求。智能产品需要在硬件与软件结合、人与设备互动、数据与安全性等方面做出合理布局。例如，一款智能家居设备的设计不仅要求在物理形态上具有创新性，还需在交互方式上做到便捷易用、与用户生活方式无缝融合，并能适应未来技术的迭代升级。在这种背景下，概念设计不再是简单的功能性原型草图，而是对产品在整个生命周期中的功能、用户体验和市场表现等进行前瞻性预设的过程。

### （1）技术与人文需求的结合

随着概念设计的演变，技术创新和人类需求的深度结合成为这一阶段的核心。现代社会中的技术更新速度极快，而用户的需求也愈加多样化和个性化。概念设计不仅要体现出设计师对最新技术趋势的理解，还要表现出对人类需求和生活方式的深刻洞察。这意味着设计师在概念阶段必须将用户的情感需求、心理预期、文化背景、社会趋势与产品功能性有机结合，从而确保最终产品既能满足使用需求，又能提供深层次的情感共鸣。例如，随着物联网（IoT）技术的发展，越来越多的智能产品正在成为家庭和工作环境中的核心组成部分。在

设计一款智能健康设备时，设计师不仅要考虑设备的监测与反馈功能，还需要深入了解用户对健康管理的情感需求，提出人性化的健康建议，并确保产品能够通过长期的数据追踪和用户反馈不断优化。这种结合技术与人文需求的设计思路必须在概念设计阶段通过模型和方案得以清晰呈现，确保后续的开发和制造能基于这些核心理念实施。

### （2）市场需求与概念设计的联动

概念设计不仅是设计创意的体现，还是市场需求变化的反映。随着全球市场竞争日益激烈，企业需要在产品概念阶段进行精准的市场分析和战略规划，以确保产品在发布时能占据市场优势。概念设计阶段通过对市场数据、用户反馈、技术发展和竞争趋势进行分析，可以为企业提供一个前瞻性的创新路径。这种联动性让概念设计不仅仅是设计师的创意思维表达工具，更是企业制定产品战略的核心环节之一。

现代市场对产品差异化和个性化的要求进一步提高了概念设计的重要性。通过概念设计，设计师能够提前捕捉和预判市场趋势，推出能够引领未来潮流的创新产品。例如，新能源汽车领域中的许多概念车不仅展示了车辆的未来形态，还通过智能驾驶系统、人车交互体验、能源使用优化等前沿概念体现了对未来市场的深度洞察。这些概念车虽然未必立即投产，但其所传达的设计理念和创新趋势往往成为推动行业发展的重要力量。

### （3）推动设计创新的驱动力

概念设计在智能产品设计中的核心作用，使其成为推动设计创新的主要驱动力。通过概念设计，设计师不仅为产品注入了创新基因，还为整个设计过程提供了结构化的框架。这个框架不仅仅是对创意的可视化表达，更是对产品设计逻辑、技术实现路径和未来发展趋势的整体预判。设计师通过概念设计在早期阶段明确产品的核心思路，为后续的详细设计和技术开发提供了坚实基础。

此外，随着智能产品设计的复杂化与多样化，概念设计的过程日益依赖于多学科协同。设计师不仅需要具备传统的造型和功能设计方面的能力，还需要在交互设计、数据分析、人工智能和用户体验等方面具备跨学科的理解和操作能力。这种协同工作方式使得概念设计不再仅仅是个人创造力的发挥，更是团队合作、技术融合与战略思考的综合体现。通过这样的协作，概念设计能够更有效地推动智能产品从创意到落地的全流程创新。

总之，概念设计从最初的学术概念演变为现代设计流程中的核心环节，其重要性已远超简单的设计阶段的定位。它作为技术创新、人文关怀、市场洞察和战略规划的结合点，成为推动产品创新、满足用户需求、引领行业发展的重要驱动力。未来，随着智能产品设计的不断优化，概念设计将在更广泛的领域和更复杂的应用场景中继续发挥其不可替代的作用。

# 1.5　概念设计的含义

随着时代的变迁和技术的飞速发展，概念设计的含义早已超越了几十年前两位外国学者提出的初步观点。在今天的设计领域，概念设计不仅仅是产品设计流程中的一个阶段，更是探索未来产品形态、创新技术应用及新兴用户需求的关键环节。通过对各类概念设计产品的深入分析、研究和总结，我们可以从两个方面更全面地理解概念设计的含义。

### （1）具有前瞻性的产品设计

这一层面的概念设计，也就是概念产品设计，它侧重对未来生活方式的预测和探索，推动设计超越当前的技术和传统思维限制。概念产品设计的动力主要来源于需求牵引和技术推动这两大关键因素。

需求牵引指的是设计师对未来用户潜在需求的预见和把握。当现有产品无法完全满足这些需求时，概念产品设计成为预见未来、创造新机会的有力工具。例如，随着生活方式的改变，智能家居和智能医疗设备等产品不仅需要满足基本的功能，还必须更深入地融入用户的日常生活，提供个性化、情感化的体验。概念产品设计通过预见这些潜在需求，提出超前的解决方案，构建与未来生活高度契合的产品形态。

技术推动反映了技术发展在概念设计中的核心作用。设计师可以利用新兴或尚未成熟的技术，突破现有产品的功能和形式限制。例如，人工智能、虚拟现实（VR）、增强现实（AR）、可穿戴技术等新技术的广泛应用，为设计师提供了新的工具和创意空间，使概念产品的形态更加多样、智能化。通过这些技术的创新应用，设计师可以在概念设计阶段塑造未来产品的智能特性和交互方式。

在外观设计方面，概念产品常常具有前卫、大胆的特点。设计师不再拘泥于传统产品的形态，而是通过实验性的设计手法，创造出新颖的美学体验。例如，流线型外观设计、极简风格的创新应用、动态可变的产品结构等，都成为未来概念产品的设计亮点。通过这种前瞻性的设计，概念产品不仅在功能上满足用户需求，还在情感和视觉上激发用户的好奇心与新鲜感。

在技术应用层面，概念产品通常整合了前沿科技。设计师借助这些前沿技术，不断提升产品的功能和智能化水平。例如，5G通信、量子计算、生物识别等新兴技术的应用，使得概念产品在交互性和智能化上有了质的飞跃，能够根据用户的实时需求进行自动化调节和优化。

此外，概念设计还革新了产品的使用方式，让用户体验焕然一新。设计师通过突破传统的使用习惯，创造全新的交互模式，极大地激发了用户的兴趣。例如，可折叠智能手机不仅改变了传统手机的物理形态，还重新定义了用户与设备的互动方式。这种创新的设计往往在概念产品亮相时就吸引了广泛关注，并对行业产生深远的影响。

概念产品设计不仅是探索未来技术与需求的过程，还承担着引领未来设计趋势的责任。设计师通过概念设计，能够在产品的早期阶段确定其功能、形态和市场潜力，为后续的详细设计和技术实现提供指导和思路。这样的设计过程不仅激发了创意，还为市场提供了宝贵的新鲜体验，通常蕴含着某种关于未来生活方式的愿景。这些愿景不仅展现了个体生活的变革，还反映了社会宏观层面的发展趋势。通过概念产品，设计师描绘了未来的生活蓝图，推动社会向更加智能化、自动化的方向发展。比如，未来城市中的无人驾驶汽车、智能交通管理系统和全自动化的智能家居，都是概念产品设计中的典型案例，它们展示了一个充满科技感的未来世界。

同时，概念产品设计也是企业技术研发的重要平台。许多企业通过发布概念产品来展示其技术实力和创新能力，吸引市场的关注。例如，每年在大型车展上亮相的概念车，融合了最前沿的技术和设计理念。虽然这些车不一定立即投入生产，但通过展示，企业能够从中收集市场反馈，调整产品开发策略。

总之，概念产品设计不仅是设计师表达创意和探索未来的工具，更是推动技术进步和市场创新的重要途径。它为设计师提供了广阔的创作空间，使他们能够超越现有产品的局限，探索未来产品的无限可能。这种前瞻性设计不仅丰富了设计理论，也推动了各行业的创新发展。未来，随着技术的持续进步和社会需求的变化，概念设计将在智能产品、文化创新、市场战略等方面发挥更加重要的作用。

图1-3是一款便携式医疗设备，由原创设计师朴成才（Sungchae Park）和张多研（Dayeon Jang）设计，Lunit便携式医疗设备可以随时随地监测使用者的健康，即使在公共场所也可以方便使用，获得了有哮喘、糖尿病和高血压等健康问题的人的信赖。该医疗设备由吸入器、血糖仪、胰岛素注射器和血压血氧仪组成。值得一提的是吸入器采用

图1-3　Lunit便携式医疗设备（作者：Sungchae Park和Dayeon Jang）

与传统吸入器相同的形状，让使用者产生熟悉感，圆角和边缘的管状构造使其抓握更方便，更符合人体工程学，半透明覆盖物也使其看起来更加模糊。此款属于偏概念性的系列化医疗产品，不论外观、形态、功能都充满时尚感和未来感，也展现了家用医疗产品概念设计的发展趋势。

图 1-4 是一款获得 2020 年红点设计奖的作品，该作品是来自日本仿生未来有限公司（BionicM Inc.）的"机器人假肢膝关节"。他们的前沿创新帮助截肢患者恢复了身体功能。红点设计奖的评委田中一雄先生这样说道："机器人假肢膝关节彻底颠覆了迄今为止人们对假肢的认知和理解。它是人体神经信息和机器人技术融合的产物。因此，用户可以获得与传统假肢截然不同的自然行走体验。更为重要的是，它的外观时尚酷炫，给用户带来了自信。"

机器人假肢膝关节采用了先进的机器人和生物力学技术，帮助使用者恢复身体功能，在减少身体疼痛的情况下进行日常活动，提高他们的活动能力和生活质量。该膝关节由产生辅助转矩的电机支撑。当步行、爬楼梯或爬坡时，它能为膝关节的伸展提供必要的动力。除了电机外，还配备了精密的传感器，以便使用者在移动时进行精密调整。利用可靠的驱动控制系统和原始算法复制自然肢体运动功能。假肢膝关节的设计尽可能接近人类腿部的轮廓，包括小腿的肌肉隆起。产品表面也经过精心设计，创造出视觉上自然的站立姿势。产品外表面采用优质 CFRP 外壳。下盖是大腿下部的一部分，有多种尺寸可供不同身高的使用者使用。设计师计划制造各种颜色和材料的假肢，这样使用者也可以把它作为自我表达的一部分。

当然，我们也应该看到，并不是所有的概念设计产品都要有出人意料的外观形态，技术的支持，以及设计师对生活的热爱和思考都是概念产品设计创作的前提。

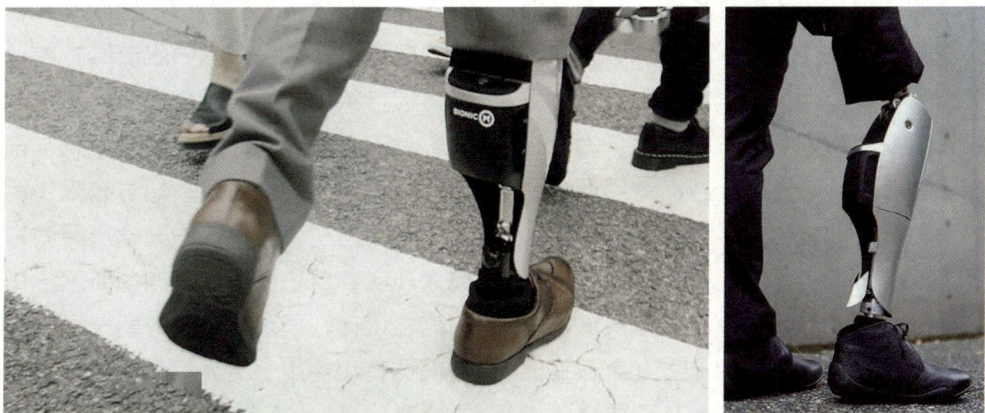

图 1-4　机器人假肢膝关节

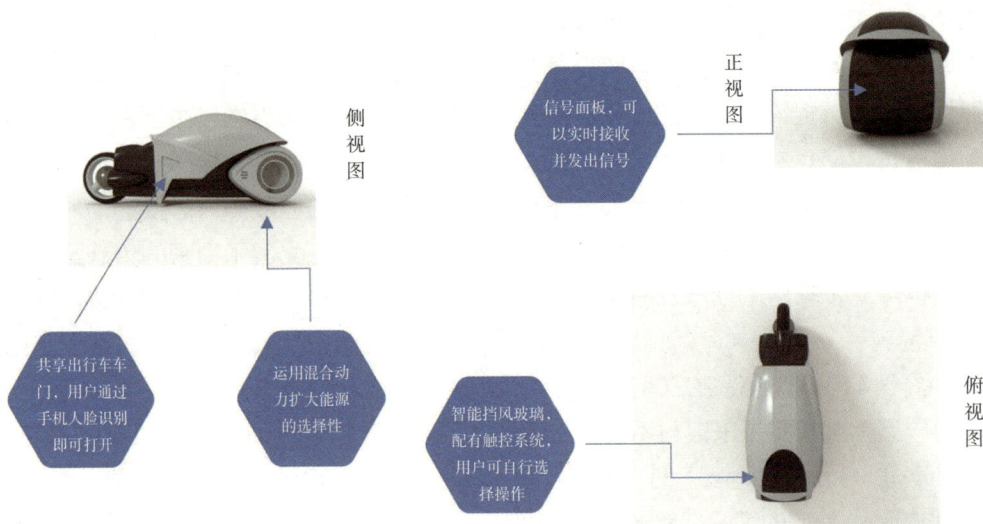

侧视图

正视图

信号面板，可以实时接收并发出信号

共享出行车车门，用户通过手机人脸识别即可打开

运用混合动力扩大能源的选择性

智能挡风玻璃，配有触控系统，用户可自行选择操作

俯视图

图1-5 共享出行车

当然除了设计师和优质企业关注概念产品设计，高校中很多设计专业的学生也对这个领域情有独钟，图1-5所示的案例就是一个大三学生针对共享交通工具提出的设想。共享出行车提高了智能操控系统的性能和安全系数，并优化了人机交互体验，运用大数据让用户可以直接在手机上与共享出行车对接。普通车辆体积大，该共享出行车缩小了车辆的体积，更大限度地利用空间，提高车辆的通过性。全车有自动驾驶模式，配有智能挡风玻璃和安全气囊，采用人机交互识别的上车方式等。为了环保和城市美观，共享出行车使用混合动力，并配有独立的充电公共车站，扩大了能源的选择范围，也提高了人们出行的便捷性，从而保护环境，解决城市车辆的乱停放问题。这是一款在大数据时代将未来高科技和交通工具结合，以

缓解城市交通压力，方便人们出行的设计。

作为一名大三的同学，其设计想法是非常不错的，巧妙地结合了当前人们在出行中遇到的问题，并提出了合理的解决方案。尽管具体的结构和技术细节仍需进一步探讨，但这并不影响其创新思维的体现。

概念设计的魅力在于它能够激发我们对未来的无限憧憬。在工业设计领域，概念设计作品如星辰般璀璨，展现了科技与实用的无限可能性。人们对未来总是充满美好的幻想，这些充满未来感的新颖产品常常引起人们对未来生活的期待和向往。虽然这些概念产品尚未成为现实，但它们所展示的创新理念和前瞻性设计，预示着它们有朝一日会被我们拥有和使用，给人们带来意想不到的惊喜。

**（2）具有特定含义和意图的产品设计**

设计与人们生活的联系不断加深，已成为一个备受关注的话题，引起了各行各业人士的广泛讨论。产品设计从业者开始利用设计表达对生活的情感、对时代的思考，以及对过去、现在和未来的理解与畅想。设计不仅是对美好事物的构想，也可以是对特定主题或意义的深入表达和刻画。这样一种设计，我们称之为"概念设计"。

概念设计不仅限于产品外观或功能上的创新，还涉及对社会、文化、人性等多个方面的深刻思考和表达。设计师通过作品传达自己对世界的理解和情感，以及对未来可能性的探索与畅想。概念设计不仅是一种创新形式，更是富有情感和思想的设计方法，它能够激发人们对生活、时代和社会的深层次思考和共鸣。

这种类型的概念设计对技术的依赖程度不像第一类概念产品那样高。它可能不涉及未来技术，该类产品的形态和使用方式也可能与常规产品有所不同。其重点在于提供一种感官品质和情感支持，努力融入人们的精神世界，通过情感的力量与人们形成共鸣。这种设计过程表现为从用户需求分析到概念产品生成的一系列有序、可组织的、有目标的设计活动。它通常经历一个由粗到精、由模糊到清晰、由具体到抽象的不断演进过程。

图1-6所示的万花筒桌子是一个典型的依托怀旧情感的产品创新设计案例。这款桌子借鉴了手持万花筒的制造工艺，将其应用于家居环境中，创造出一种独特的视觉体验。桌面上会出现一片断裂的反射光形成的彩虹，使得原本平淡的会议变得充满趣味，或者在餐桌上营造出一种梦幻的氛围。无论在何种场合，万花筒桌子都将成为引人注目的视觉焦点。

虽然目前仍处于概念阶段，但这项设计理论上可以通过多种材料实现。主要结构采用表层涂有清漆的深色橡木材料。桌腿可以选择黄铜、铝合金等材质，或使用欧标色卡中的涂料进行表面处理。为了便于运输和组装，桌腿设计为可拆卸的扁平包装形式，用户可以轻松地进行组装和拆换。

作者运用万花筒元素，通过怀念童年时光，创造了一个可增添生活情趣的概念设计。这种设计不仅使感知时间的过程变得充满趣味，还为日常生活注入了愉悦和趣味。

概念设计的核心在于对现实生活中的问题进行创新性解决，为人们提供全新的生活体验，引导人们对生活进行深思和回味。在这个例子中，概念设计不仅创新了产品的外观和功能，还唤起了人们的怀旧情感和回忆。通过触发对童年时光的怀念，这种设计不仅丰富了人们的情感，也促使人们重新审视和体会时间的流逝。因此，概念设计在引导人们进行深度思考和感悟方面也具有重要的作用。

图1-6 万花筒桌子

# 小 结:

概念设计在产品设计中具有重要意义，是创造新产品、解决问题的关键阶段，对最终设计成果的成功与否至关重要。概念设计鼓励创新，设计师可以自由发挥想象力，提出新颖的想法，推动技术创新并创造出与众不同的解决方案。通过深入分析和研究，设计师能够更清楚地了解需求和挑战，为后续设计工作提供指导。概念设计也可以帮助设计师明确设计的方向和目标，确定整体风格、理念和核心要素，为详细设计提供指引。总之，概念设计不仅为创新和创造提供了机会，还在问题识别、沟通、验证和指导方面发挥了重要作用，为优秀的设计成果奠定了坚实基础。

## 思考与习题:

　　① 以小组为单位（3~5人一个小组），讨论什么是好的设计，并寻找生活中的各类设计（分析对象不少于10个），从设计本质入手，进行分析。

　　② 阐述概念设计、科技创新、人文关怀三者之间的关系（可以针对具体案例进行阐述）。

# Chapter

# 2

## 第2章 智能产品概念设计概述

**本章学习重点：**

① 了解智能产品概念设计的基本含义，通过对常见设计术语的解释，帮助学生梳理各个概念间的关系，明确它们在智能产品设计中的具体应用；

② 深入掌握智能产品概念设计的特征与创新设计准则，并在设计实践中加以运用和体会，以提升设计能力。

# 2.1　智能产品设计

智能产品设计是以设计学为基础，以智能技术为手段（如人工智能、物联网、大数据和机器学习等），科学、人文和艺术多学科交叉，人、机、环境多因素交互的新一代创新设计方法。智能产品设计实质上是人工智能驱动的创新型产品设计，强调基于人工智能的认知与人机融合的创新，使其能够提供更智能、更便捷、更个性化的用户体验。这个过程不仅涉及技术的应用，还需要考虑用户需求、市场趋势、可持续发展等多方面的因素。智能产品设计在全球范围内受到广泛关注和重视。

在国内，智能产品设计的发展受到政府政策、市场需求和技术进步的推动。2017年，国务院印发《新一代人工智能发展规划》，提出到2030年，人工智能理论、技术与应用总体达到世界领先水平，成为世界主要人工智能创新中心。鼓励智能产品和技术的研发和应用。这些政策为智能产品设计提供了有力的支持和保障。随着经济的快速发展和消费升级，市场对智能产品的需求不断增加。消费者对智能家居、智能穿戴设备、智能交通等产品的兴趣日益浓厚，推动了企业在智能产品设计方面的投入和创新，如华为、腾讯、阿里巴巴等在智能产品设计方面取得了显著成就，推出了多款具有创新性的智能产品。在技术上，随着人工智能、物联网、大数据等领域的技术进步，为智能产品设计提供了坚实的基础。

在国际上，智能产品设计同样是一个热门话题。美国、欧洲、日本在人工智能、物联网和大数据技术方面处于领先地位。这些技术的进步为智能产品设计提供了强大的支持。例如，苹果、谷歌、亚马逊等公司在智能家居、智能手机、智能助手等领域推出了多款创新产品。国外很多企业同样注重设计理念的创新及智能产品的可持续性，强调产品的用户友好性和人性化，采用环保材料和节能技术，减少对环境的影响。例如，特斯拉电动汽车不仅具备智能化功能，还可通过电动技术减少碳排放。

智能产品设计在全球范围内迅速发展，是技术创新和市场竞争的关键领域。借鉴国内外的成功经验和先进技术，产品设计将继续向更加智能化、个性化和可持续化的方向发展。

# 2.2　智能产品的技术

在设计智能产品之前，我们需要了解其所需的基本技术。智能产品的技术体系并非单一，而是由多种技术构成的复杂系统（表2-1），主要包括电子技术、自动化控制技术、互联网技术、大数据技术、云计算技术、物联网技术和人工智能技术等。这些技术既有各自的特点，又相互关联和渗透，形成了复杂的结构。这些技术的结合，使得智能产品能够实现更高的智能化水平和用户体验。

**表2-1　智能产品技术体系**

| 智能产品技术体系 | | |
|---|---|---|
| 技术领域 | 子领域 | 具体内容 |
| 硬件技术 | 传感器 | 温度传感器、压力传感器、加速度传感器等 |
| | 处理器 | CPU、GPU、DSP等 |
| | 通信模块 | WiFi、蓝牙、Zigbee、LoRa、NB-IoT等 |
| | 存储设备 | RAM、闪存、HDD/SSD等 |
| | 电源管理 | 电池、充电管理、电源转换等 |
| 软件技术 | 操作系统 | 嵌入式Linux、Android、FreeRTOS等 |
| | 固件 | 硬件控制和基础功能 |
| | 应用软件 | 智能家居应用、健康监测应用等 |
| 通信与网络技术 | 无线通信 | WiFi、蓝牙、Zigbee、LoRa、NB-IoT等 |
| | 有线通信 | 以太网、串口通信、CAN总线等 |
| | 协议和标准 | TCP/IP、HTTP、MQTT、CoAP等 |
| 数据处理与分析 | 边缘计算 | 设备端数据处理 |
| | 云计算 | 云端资源处理和存储 |
| | 大数据技术 | Hadoop、Spark等 |
| 人工智能与机器学习 | 模式识别、预测分析、自然语言处理等 | 统计模式识别（基于概率分布，如贝叶斯分类器）结构模式识别（基于特征关系，如图神经网络）等 |
| 人机交互技术 | 用户界面（UI） | 语音识别（语音转文字、语音身份证） |
| | 用户体验（UX）设计 | 生物特征识别（指纹识别、虹膜识别） |
| | 语音识别与语音合成 | 智能音箱语音助手功能 |

## 2.2.1　物联网技术

物联网通过互联网将各种传感设备与网络连接，形成一个庞大的系统，实现物品之间以及物品与人之间的信息交换，从而实现智能化识别、定位、跟踪、监控和管理。物联网的基本架构分为三层：感知层、网络层和应用层。感知层负责数据的采集，使用各种传感器、RFID标签和摄像头等设备收集物理世界中的信息，如温度、湿度、光照和位置信息。网络层负责数据的传输，利用无线（如WiFi、蓝牙、Zigbee、LoRa和NB-IoT等）和有线（如以太网）通信技术，将数据传输到应用层。应用层则负责数据的深度处理和分析，通过云计算、大数据处理平台进行智能决策和服务，如智能家居、智能交通、智能医疗等。物联网的关键技术包括传感技术、RFID技术、无线通信技术、云计算和大数据技术以及人工智能技术，这些技术相互协作，实现对物理世界的全面感知和智能控制。

物联网技术在多个领域有广泛应用，包括智能家居、智能城市、工业物联网、医疗健康和农业物联网等（图2-1）。在智能家居中，用户可以通过智能恒温器和智能门锁等设备实现家庭自动化和远程控制，提升生活的便利性和安全性；智能

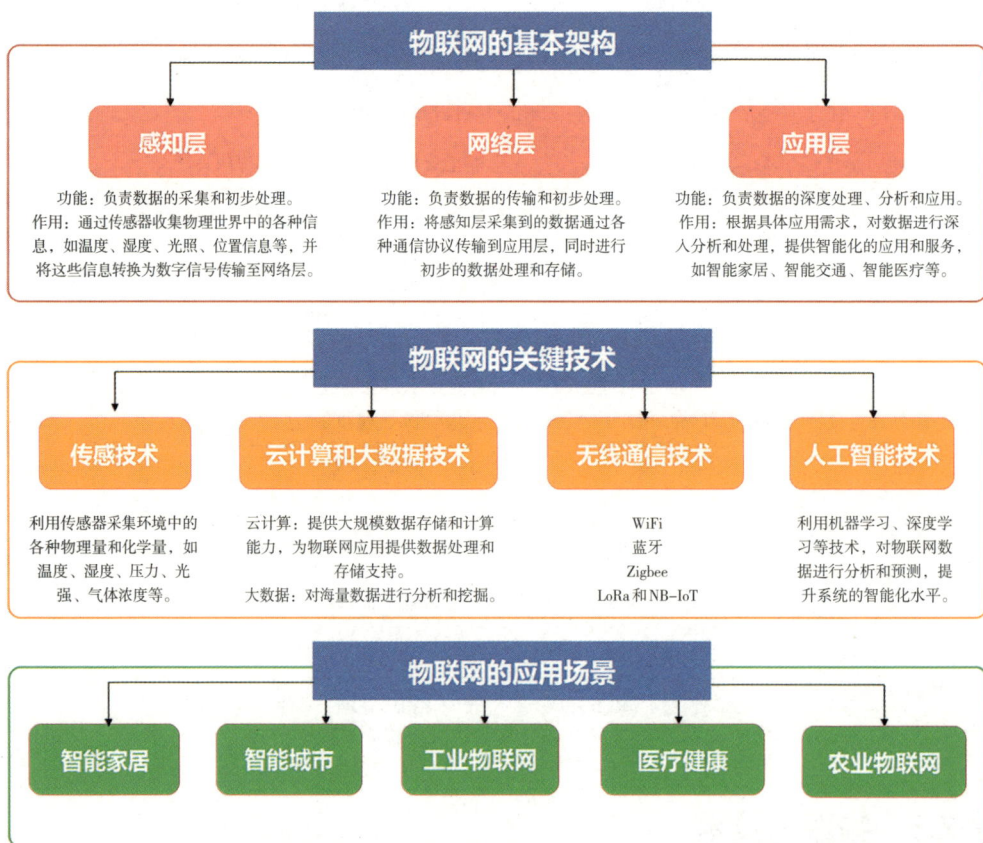

**物联网的基本架构**

**感知层**
功能：负责数据的采集和初步处理。
作用：通过传感器收集物理世界中的各种信息，如温度、湿度、光照、位置信息等，并将这些信息转换为数字信号传输至网络层。

**网络层**
功能：负责数据的传输和初步处理。
作用：将感知层采集到的数据通过各种通信协议传输到应用层，同时进行初步的数据处理和存储。

**应用层**
功能：负责数据的深度处理、分析和应用。
作用：根据具体应用需求，对数据进行深入分析和处理，提供智能化的应用和服务，如智能家居、智能交通、智能医疗等。

**物联网的关键技术**

**传感技术**
利用传感器采集环境中的各种物理量和化学量，如温度、湿度、压力、光强、气体浓度等。

**云计算和大数据技术**
云计算：提供大规模数据存储和计算能力，为物联网应用提供数据处理和存储支持。
大数据：对海量数据进行分析和挖掘。

**无线通信技术**
WiFi
蓝牙
Zigbee
LoRa和NB-IoT

**人工智能技术**
利用机器学习、深度学习等技术，对物联网数据进行分析和预测，提升系统的智能化水平。

**物联网的应用场景**

智能家居　智能城市　工业物联网　医疗健康　农业物联网

图2-1　物联网技术体系

城市利用智能交通管理系统、智能停车系统和智能照明系统优化交通流量、减少拥堵、提高能源效率和城市管理效率；工业物联网通过连接机器设备，实现预测性维护、生产优化和自动化，提高生产效率和设备的运行可靠性；医疗健康领域利用可穿戴设备和远程监控系统，实时监测患者健康数据，提供个性化医疗服务和健康管理；农业物联网通过环境传感器和智能灌溉系统，实现精准农业，优化水资源利用，提升农作物产量和品质。

物联网技术的快速发展，正在深刻改变我们的生活方式和生产模式。通过将物理世界与数字世界连接起来，物联网实现了从信息化到智能化的跨越，为各行各业带来了巨大的变革和发展机遇。

## 2.2.2　大数据和云计算

大数据技术是指收集、存储、处理、分析和可视化大量复杂数据的方法和工具。这些数据可能来源于多种渠道，如传感器、用户交互日志、社交媒体等。关键技术包括数据收集、数据存储、数据处理、数据分析以及数据可视化。在智能产品设计中，大数据技术应用广泛。通过分析用户行为数据，可以优化产品设计和功能，提升用户体验。在智能家居设备中，大数据技术可以通过收集和分析用户的使用习惯、环境数据（如温度、湿度）和设备状态，系统智能地调整家居设备（如空调、灯光、安防系统），提高用户的生活舒适度和安全性；大数据还用于预测维护，通过监控设备数据并利用机器学习模型预测可能的故障，从而提前进行维护，减少停机时间和维修成本。

云计算技术是通过互联网提供计算资源（如计算能力、存储、数据库、网络、软件等）的按需服务。云计算的关键特征包括弹性扩展、按需付费和高可用性。关键技术包括基础设施即服务、平台即服务、软件即服务、容器化和编排，以及无服务器计算。在智能产品设计中，通过大数据和云计算技术的结合，产品实现更高的智能化水平，提供精准的个性化服务，显著提升用户体验。

例如，美的智能床头柜（PRO）的设计（图2-2）巧妙结合了大数据和云计算技术，极大地提升了产品的智能化和用户体验。通过内置的传感器和智能设备，床头柜能够收集并分析用户的使用数据和环境数据，提供个性化的灯光模式、音乐播放和充电提醒等功能，创造更舒适的睡眠环境。云计算平台则为用户数据提供安全的存储和远程控制支持，用户可以通过手机App轻松调节床头柜的各项功能。此外，智能语音助手通过云端处理实现准确的语音识别和自然语言处理，提升了用户的互动体验。床头柜还可以与其他智能家居设备互联互通，形成统一的智能家居生态系统。大数据分析和云计算平台共同支持智能推荐系统，为用户提供个性化的健康建议和环境优化方案，同时保障用户数据的安全与隐私。美的智能床头柜通过将这些技术融合，不仅实现了产品的高智能化，还为用户提供了便捷、安全和个性化的使用体验。

图2-2 美的智能床头柜（PRO）

## 2.2.3 人工智能

人工智能（Artificial Intelligence，简称AI）是一门融合计算机科学、数学、统计学和认知科学等多学科的技术领域，其主要目标是开发能够模拟、扩展和增强人类智能的计算机系统。人工智能的概念首次在20世纪50年代提出，1956年在达特茅斯学院举行的研讨会被视为人工智能的正式诞生标志。随后的几十年间，人工智能经历了多次起伏，从20世纪60~70年代的基于规则的专家系统，到20世纪80年代初期的神经网络和机器学习，再到21世纪初随着大数据、云计算和硬件性能提升而迅猛发展的深度学习和复杂AI系统。AI技术的发展过程中，分为弱人工智能（专注于特定任务，如语音识别、图像识别）、强人工智能（具备广泛认知能力，类似人类智能）和超人工智能（理论上远超人类智能的水平）三大类。

在技术层面，人工智能涵盖了多个重要领域。机器学习（Machine Learning）是其中之一，通过算法和统计模型使计算机系统能够自动改进任务表现，包括监督学习、无监督学习和强化学习等方法。深度学习（Deep Learning）则是基于人工神经网络的机器学习方法，利用多层神经网络结构处理和学习复杂模式。自然语言处理（Natural Language Processing，简称NLP）使计算机能够理解、解释和生成自然语言，应用广泛，如语音识别、机器翻译和文本分析。计算机视觉（Computer Vision）则让计算机从图像或视频中提取、分析和理解信息，用于图像识别、目标检测和图像生成等。专家系统是基于规则的系统，通过模拟专家的决策过程来解决特定领域的问题。机器人技术涉及智能机器人的设计、制造和应用，使其能够执行复杂任务。这些技术在各自的领域中不断进步，推动着人工智能整体的飞速发展。

人工智能的应用领域极为广泛，并在不断扩展。在医疗健康领域，AI 被用于疾病诊断、个性化治疗、药物研发和医疗影像分析等；在金融服务领域，AI 帮助人们进行风险管理、自动交易、欺诈检测和客户服务等；在制造业领域，AI 用于预测性维护、质量控制和智能制造；在交通运输领域，AI 用于自动驾驶、交通管理和物流优化等，且日益普及；在娱乐媒体领域，AI 用于内容推荐和虚拟现实等方面；在教育领域，智能辅导系统、自适应学习和教育数据分析成为热点。

然而，人工智能的发展也面临挑战，包括伦理和隐私问题、技术瓶颈和社会影响等方面。数据使用的隐私问题、决策过程的透明度以及潜在的算法偏见引发了广泛讨论。此外，AI 的发展需要解决计算能力、数据质量和算法优化等技术瓶颈。随着 AI 的广泛应用，其对就业、法律和安全等社会层面的影响也越来越显著。未来，随着技术的不断进步，人工智能有望在更多领域发挥更大的作用，以"The iii Museum – 人工智能博物馆"（图 2-3）为例，该博物馆致力于展示和探索人工智能技术在各个领域的应用。

由穆罕默德·阿夫卡米（Mohammed Afkhami）基金会创立的人工智能博物馆是一个革命性的虚拟博物馆。其独特之处在于匹配的建筑空间设计、对文化背景的保护，以及对联结与对话的促进。通过创建可实时回应参观者的专属空间，该博物馆丰富了每件艺术作品传达的信息。这一设计超越了传统博物馆的界限，是空间计算领域的开创性项目，重新诠释了当今博物馆的发展，让用户能够体验到不同凡响

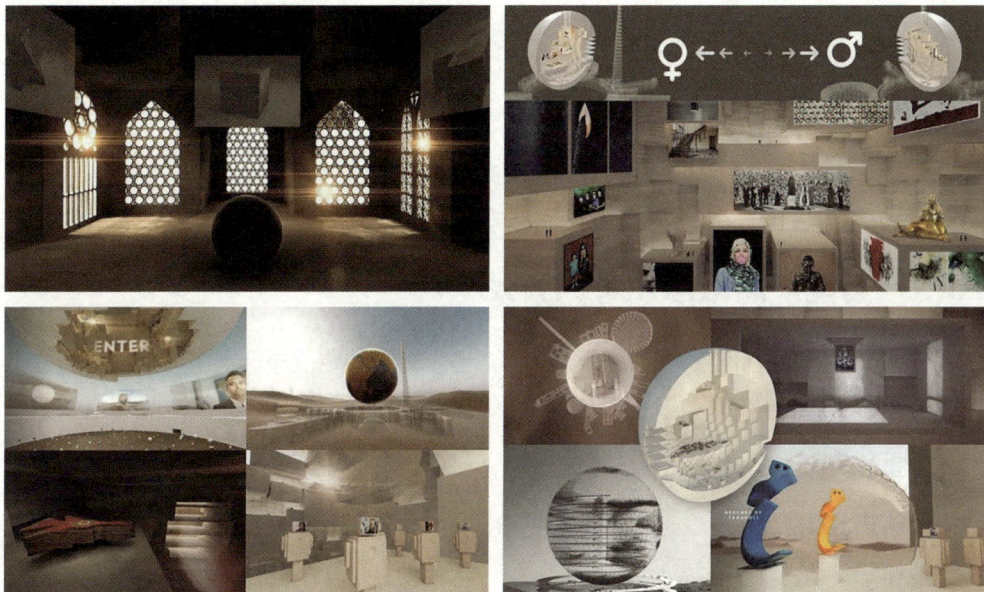

图 2-3 The iii Museum – 人工智能博物馆

的沉浸式艺术探索。

博物馆内设有多个互动展区，参观者可以亲身体验人工智能技术，如机器学习、自然语言处理和计算机视觉等。博物馆提供丰富的教育资源，包括讲座、工作坊和研究项目，旨在普及人工智能知识，激发公众对科技的兴趣。利用人工智能技术，博物馆提供个性化的导览服务，参观者可以通过智能设备获取展品的详细信息，并根据个人兴趣定制参观路线。此外，博物馆还展示了人工智能在文物保护和修复中的应用，如通过计算机视觉技术识别和修复文物。通过 VR 和 AR 技术，参观者可以沉浸式体验历史场景和未来科技，增强参观体验。随着人工智能技术的不断进步，"The iii Museum - 人工智能博物馆"将继续引领科技与文化的融合，推动公众对人工智能的理解和应用。博物馆不仅是一个展示平台，更是一个创新和教育的中心，为未来的科技发展提供支持。

# 2.3　智能产品概念设计的背景和重要性

随着信息技术和人工智能的飞速发展，智能产品正逐渐渗透到我们的日常生活和工作中。从智能手机、智能家居到智能医疗设备，这些产品不仅带来了便利，更深刻地改变了我们与世界的互动方式。智能产品以其高度的智能化和自动化特性，使我们能够更加高效地处理任务，更加智能地管理生活，进一步提升了人们的生活质量和工作效率。

智能产品的出现不仅满足了用户日益增长的个性化需求，也为企业带来了全新的商业机会。通过融合传感技术、数据分析、人工智能等技术手段，智能产品能够更好地理解用户需求，并提供个性化、精准的服务。从商业角度来看，智能产品也能够为企业带来更高的用户满意度、更大的市场份额以及更强的竞争优势。

智能产品概念设计是在智能科技和创新发展的背景下应运而生的，它在现代社会中具有重要的意义和价值。

## 2.3.1　智能产品概念设计的背景

智能产品概念设计的背景涵盖了智能技术发展、社会需求变化以及科技创新等多个方面。

### （1）智能技术发展

近年来，智能技术如人工智能、物联网、大数据和机器学习等迅猛发展，为创造更智能、更便捷、更个性化的产品提供了先决条件。这些技术的进步不仅改变了产品的功能和性能，也拓展了它们的应用场景。例如，人工智能在智能家居中的应用，使得设备能够根据用户的生活习惯自动调整灯光、温度等，为用户提供了更高效、便捷的生活体验。物联网的普及则使得各类设备可以互联互通，进一步提升了产品的智能化水平和使用体验。

**（2）社会需求变化**

随着数字化生活方式的普及，智能手机、智能家居、智能穿戴设备等已经成为人们生活中不可或缺的一部分。用户对个性化和定制化的需求不断增加，他们期望通过智能产品获得更加个性化、优质的体验。企业通过收集和分析用户数据，可以更准确地洞察市场趋势和用户行为，从而提供更贴合用户需求的产品。例如，智能穿戴设备能够监测用户的健康数据，提供个性化的健康建议，满足用户对于健康管理的需求。此外，用户体验日益成为产品成功的关键因素，智能产品设计强调以用户为中心，提供更优质的体验。

**（3）科技创新**

智能产品设计推动了科技创新的进程，促使企业不断探索新的技术应用和创新点。随着人们环保意识的提高，智能产品设计也考虑如何通过智能技术促进可持续发展，减少资源浪费。例如，智能电网通过大数据和物联网技术优化能源分配，提高能源利用效率，减少环境影响。智能农业通过传感器和数据分析技术，优化农作物种植，提高产量和品质，同时减少资源浪费和环境污染。

总的来说，智能技术的发展不仅推动了产品的创新和进步，也满足了社会不断变化的需求，促进了社会的可持续发展。通过智能技术，企业不仅能提供更优质的用户体验，还能在环保和资源利用方面做出积极贡献，从而实现经济效益和社会效益的双赢。

综合来看，智能产品概念设计背景凝聚了技术、社会和经济等多方面的因素，为创造更具智能化、个性化和有价值的产品提供了广阔的空间和机遇。

## 2.3.2　智能产品概念设计的重要性

智能产品概念设计不仅关乎企业的创新和竞争力，也直接影响用户体验、社会发展和可持续性。

智能产品概念设计鼓励创新，通过引入智能技术和新颖的功能，使产品在市场中具有独特性，从而获得竞争优势。应用智能技术来解决实际问题，提高生活质量，增强工作效率，促进社会发展，将可持续性纳入产品设计，通过智能技术促进资源高效利用和环保，有助于实现可持续发展目标。收集和分析用户数据，提供有关用户行为和偏好的洞察，注重为不同用户提供个性化的体验，通过智能化的交互、个性化的服务和用户友好的界面，提升用户满意度和忠诚度。通过创新的智能产品概念设计，企业可以创造独特的价值，提高产品在市场中的竞争力，从而实现商业成功并扩大市场份额，帮助企业更好地理解市场和用户需求。应用智能技术来解决社会问题，改善人们的生活、工作和健康状况，促进社会可持续发展，有助于创造积极的社会影响。推动了智能技术的应用和发展，为科技进步提供了实践平台，激发了科研和创新的活力。可以帮助企业预测未来技术趋势和市场需求，为产品的长远发展提供方向性的指引。智能产品概念设计在促进创新、满足用户需求、推动科技发展和提升社会价值等方面具有重要的背景和意义。

# 2.4　智能产品概念设计的含义

智能产品概念设计，顾名思义，是将智能产品设计和概念设计结合在一起的过程。这一设计方法不仅关注智能产品本身的技术实现和功能特性，还强调产品的创新理念、用户体验和市场需求。

智能产品设计是指利用现代科技手段，如人工智能、物联网、大数据和传感器技术，来开发具有智能化功能的产品。这类产品能够感知环境、进行数据处理并作出相应的反应，以提供更加个性化、便捷和高效的用户体验。例如，智能家居设备（如智能音箱、智能灯泡）、可穿戴设备（如智能手表、健身追踪器）以及智能交通工具（如自动驾驶汽车）等，都是智能产品设计的典型案例。智能产品设计的关键在于技术的集成和应用，以满足用户日益增长的智能化需求。

概念设计是产品设计过程中极为重要的一个阶段，通常在产品开发的早期进行。其主要目的是通过创新的思维和方法，提出具有独特性和前瞻性的产品概念。这一过程涉及对市场趋势、用户需求和竞争产品的深入研究，并通过头脑风暴、草图绘制和原型设计等方式，将抽象的创意转化为具体的设计方案。概念设计不仅关注产品的功能和形式，还强调产品的使用场景、品牌定位和用户体验。通过概念设计，设计师可以在早期阶段就确定产品的总体方向和独特卖点，从而为后续的详细设计和开发奠定坚实基础。

智能产品概念设计结合了智能产品设计和概念设计的优势，形成了一种综合的设计方法。这一方法不仅仅是技术与创意的融合，更是对用户需求和市场趋势的深刻洞察。主要步骤包括：市场和用户研究，通过市场调研、用户访谈和数据分析，深入了解目标用户的需求、行为和偏好，确定市场上的机会和挑战，为设计提供背景信息和灵感；创意生成和筛选，通过头脑风暴和设计竞赛等方式，激发团队的创意，提出大量创新性设计概念，然后基于可行性、创新性和用户价值等标准，对这些概念进行筛选和评估；功能定义和技术探索，明确产品的核心功能和智能特性，探索和验证各种技术解决方案的可行性（图2-4）。

智能产品概念设计不仅仅是技术和创意的简单结合，更是一个复杂而系统的过

市场调研 —— 目标用户需求

市场调研 —— 市场机会与挑战

**市场和用户研究**

用户访谈 —— 用户行为

用户访谈 —— 用户偏好

数据分析 —— 背景信息

数据分析 —— 设计灵感

头脑风暴 —— 激发团队创意

设计竞赛 —— 创新性设计概念

**创意生成和筛选**

筛选和评估 —— 可行性标准

筛选和评估 —— 创新性标准

筛选和评估 —— 用户价值标准

核心功能定义 —— 产品核心功能

智能特性明确 —— 产品智能特性

**功能定义和技术探索**

技术解决方案探索 —— 解决方案可行性验证

图2-4　智能产品概念设计主要步骤

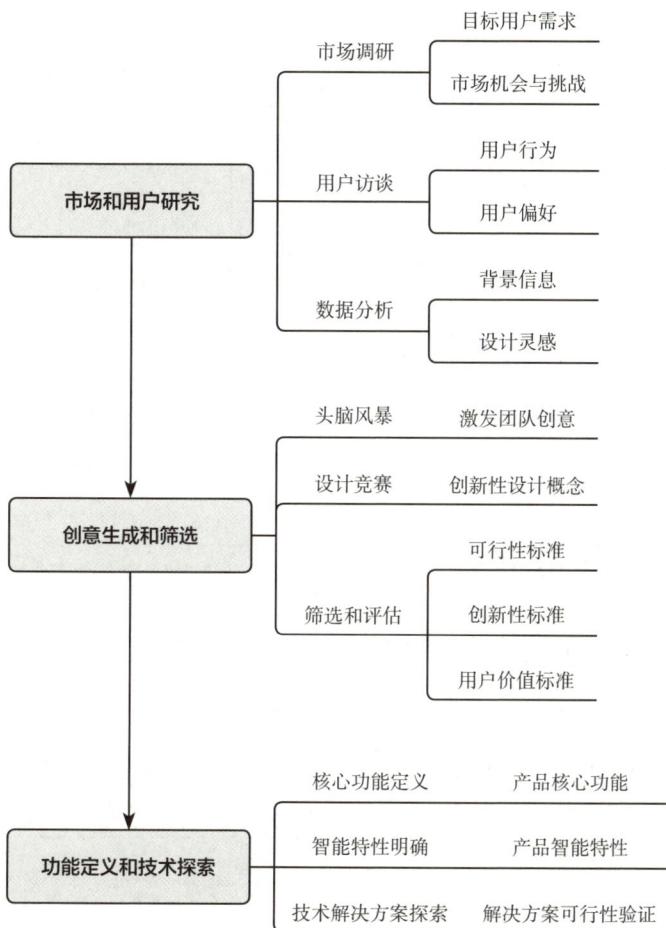

程，以智能家居系统开发设计为例（图2-5），它需要设计师具备广泛的知识和技能，包括技术集成、用户研究、市场分析和创新思维，通过系统设计，设计师可以在早期阶段就确定产品的总体方向和独特卖点，从而为后续的详细设计和开发奠定坚实基础。

　　综上所述，智能产品概念设计是一个综合性的过程，涉及理解智能技术、深入研究用户需求、创意构思和整合智能元素，以及追求创新性、用户体验和市场竞争力等多个关键要素，可帮助设计团队思考未来的发展方向，在整合智能技术的过程中提前考虑技术趋势和用户需求。设计师通过考量这些要素，可以为产品的未来升级和改进提供指导。智能化元素的加入使产品更加智能、个性化，并能与用户互动，从而提供更加丰富、便捷和令人满意的用户体验，创造出具有较大价值和影响力的产品，从而满足当代社会和市场的需求。

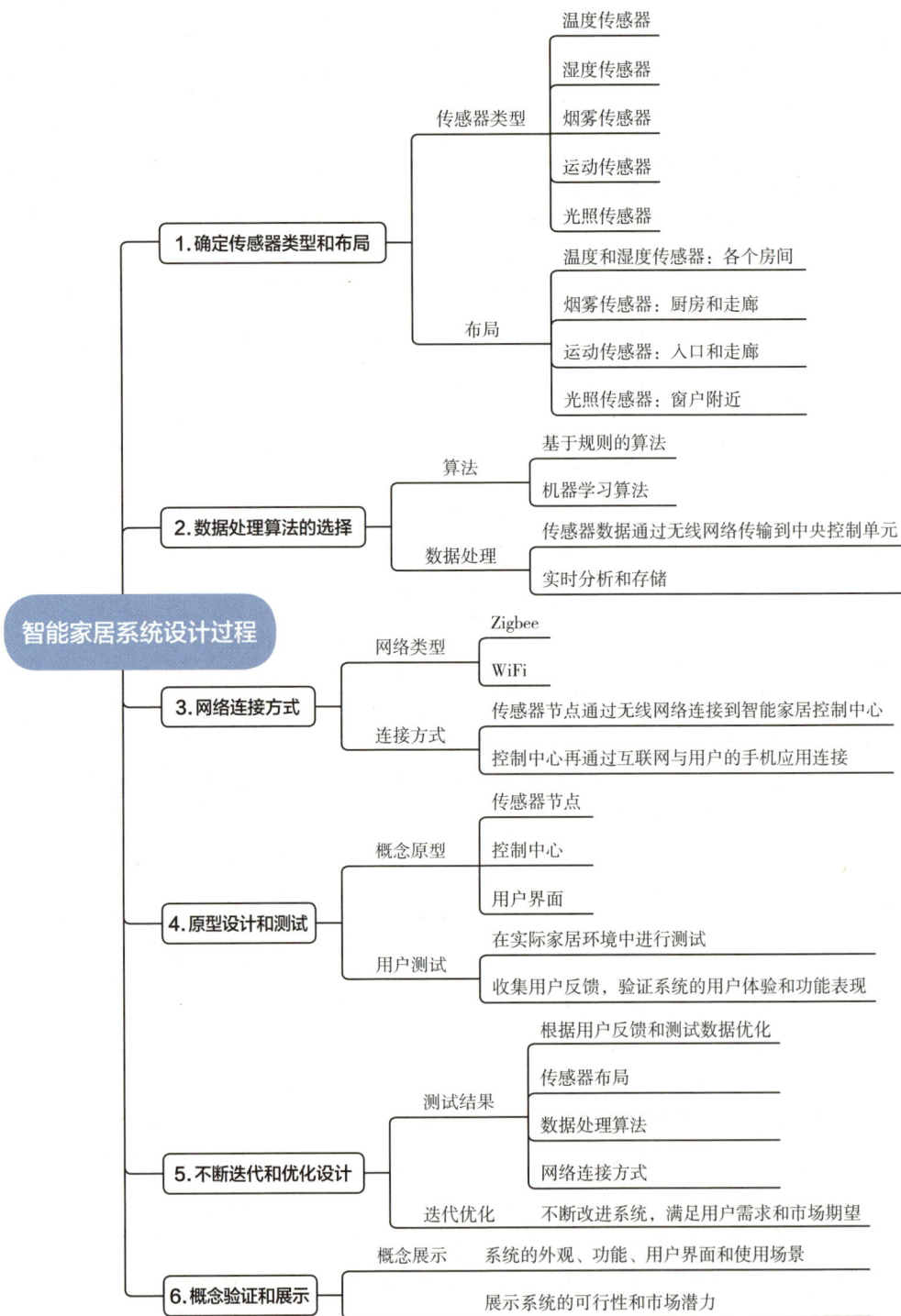

图2-5　智能家居系统概念设计过程

## 2.5　智能产品概念设计的特征

智能产品概念设计是将创新、用户需求、技术可行性和市场适应性等因素融合，为智能产品的开发和实现打下基础的过程。它在产品开发的早期阶段起着关键性的作用，决定了产品的核心思想、功能特性和用户体验。

智能产品概念设计有以下三个主要特征。

### （1）技术与数据驱动

智能产品概念设计主要依赖先进的技术和数据驱动的决策。首先，智能产品设计通常集成了人工智能、物联网、大数据、云计算和机器学习等前沿技术，使其能够感知、学习和适应用户需求，提供智能化功能。例如，智能家居产品通过物联网和 AI 技术，实现远程控制和自动化管理；智能产品通过传感器和物联网设备实时收集大量用户数据和环境数据，并利用大数据技术进行分析，发现用户需求和使用趋势。分析结果用于产品优化和功能升级，使产品更加智能和高效。此外，智能产品能够融合来自不同传感器和数据源的信息，通过数据融合进行全面分析和综合决策，提高功能的准确性和可靠性。

### （2）用户中心与自适应能力

智能产品设计以用户为中心，强调提供个性化体验和用户友好性。设计过程中，通过分析用户行为数据和偏好，智能产品能够提供个性化的功能和服务，增强用户体验。同时，注重用户界面的直观性和易用性，确保产品操作简便、使用体验良好。通过持续收集用户反馈和数据分析，智能产品设计能够不断迭代和优化，提升用户满意度。此外，智能产品具备自适应和学习能力，能够根据环境变化和用户行为自主调整自身功能和性能。例如，智能恒温器可以根据用户生活习惯自动调节温度，并通过机器学习算法，逐步改进和优化功能。

### （3）可持续发展与创新驱动

智能产品设计不仅关注技术和用户体验，还强调可持续发展和创新驱动。环保设计和资源节约是智能产品设计的重要考虑因素。通过使用环保材料和节能技术，减少对环境的影响，并通过智能化管理提高资源利用效率，减少浪费。在创新方面，智能产品设计不断探索和应用最新技术，提升产品功能和竞争力。同时，在产品外观、功能和用户界面等方面进行创新设计，吸引用户关注。结合智能技术，探索新的商业模式和服务模式，增加产品附加值。智能产品能够在实时性要求下快速处理大量数据，并在瞬息万变的环境中做出及时的控制动作，确保计算效率和响应速度，以满足用户的即时需求。

智能产品概念设计追求满足社会需求，具有积极的社会影响，创造有价值的产品和服务。体现了智能技术的应用、用户需求的满足、创新性的思维以及产品对社会和环境的影响。这些特征共同塑造了智能产品概念设计的独特性和重要性。

# 2.6　智能产品概念设计的创新准则

在智能产品概念设计中，创新是关键因素之一，可以帮助产品实现与众不同，满足用户需求，并创造出独特的价值。智能产品概念设计的创新准则有六点。

## （1）用户需求导向

用户需求导向是智能产品概念设计中的核心准则之一，它强调设计的出发点和落脚点都应该是用户需求。将用户置于设计过程的核心位置，注重情感化设计，使用户能够与产品建立情感联结，将用户作为创新过程的参与者，鼓励用户提供反馈和意见，从而共同塑造出更贴近用户的产品概念，深入了解用户需求、习惯和痛点，创造出具有创新性的解决方案。

例如，卡萨帝设计师系列F+冰箱（图2-6），它是卡萨帝推出的一款高端冰箱产品，融合了先进的技术、创新的设计和精致的工艺，旨在为用户提供卓越的使用体验。技术原理方面，冰箱采用多循环制冷技术，每个存储区都有独立的制冷系统，避免不同存储区之间的气味串味，同时提高制冷效率

图2-6　卡萨帝设计师系列F+冰箱

和温度控制精度。配备变频压缩机，根据冰箱内的实际需求智能调节制冷功率，达到高效节能的效果。恒温保鲜技术通过先进的温控技术，能够精确控制各存储区的温度波动范围，保持食材在最适宜的温度环境下，延长保鲜时间。果蔬区配备智能湿度调节系统，根据存储食材的需要自动调节湿度，保持果蔬的新鲜和水分。冰箱内部采用抗菌材料，有效抑制细菌滋生，保证存储环境的卫生安全，部分型号配备紫外线杀菌功能，定期对冰箱内部进行杀菌处理，进一步提高食品安全性。在用户体验方面，智能控制系统使用户可以方便地调整冰箱的运行状态，并随时监控内部存储情况。多功能存储设计满足了不同食材的存储需求，确保食材的新鲜度和营养价值。冰箱的高端材质和精致工艺不仅使其成为家居的一部分，更是一件艺术品，提升了整体家居环境的品位。卡萨帝设计师系列F+冰箱融合了美学设计、智能控制和先进的技术，不仅在功能上满足了高端用户的需求，还在设计上体现了卡萨帝对品质和美学的不懈追求。

### （2）技术创新

技术创新是智能产品设计的驱动力，通过引入新技术或将现有技术应用于新的领域，创造出具有独特价值和竞争优势的产品。利用前沿技术，如人工智能、物联网、增强现实和虚拟现实，提升产品功能和用户体验。通过自主研发或与科研机构合作，开发独特的技术解决方案，确保技术优势和市场独占权。此外，将不同领域的技术结合起来，创造新的应用场景和功能，拓展产品使用范围。

在医疗领域，智能医疗设备结合传感器和数据分析技术，实现健康监测和疾病预警功能。技术创新还需解决实际问题，通过技术手段解决用户痛点和难题，提升产品的实用性和可靠性。利用大数据和机器学习技术，分析用户数据，指导产品设计和优化，实现个性化和智能化。例如，Nobi智能灯是一款专为老年人设计的智能设备（图2-7、图2-8），设计师是马蒂·帕帕利尼（Mati Papalini）和马尔科·菲利皮奇（Marko Filipic），他们利用先进的人工智能技术和传感器网络，提供跌倒监测、预防、预测和生命体征监测等功能。其主要特点包括：通过光学传感器和AI算法实时监测老年人的活动，一旦监测到跌倒，立即发出警报并通知家庭成员或紧急呼叫中心；自动照明功能在老年人上床或下床时自动开启，防止因黑暗导致的跌倒；监测老年人的心率和呼吸频率，提供全面的健康监测；所有数据和图像在本地处理，确保隐私保护。Nobi智能灯可广泛应用于医院、养老院和家居环境中，帮助老年人独立生活，同时减轻护理人员的工作负担。

### （3）交互设计

交互设计在智能产品概念设计中至关重要。其目标是为用户提供直观、高效且愉悦的使用体验。通过设计简洁易懂的界面，交互设计能够降低用户的学习成本，使用户无需花费时间学习复杂的操作流程即可上手使用。这种设计理念不仅提升了

图2-7　Nobi智能灯

图2-8　Nobi智能灯场景图

用户的满意度，还提高了智能产品的易用性和普及率。在智能产品的概念设计中，高效的交互设计关注用户的需求和使用习惯，力求在最短的时间内帮助用户完成任务，减少不必要的操作步骤，提升操作效率。同时，智能产品强调愉悦的使用体验、良好的交互设计，通过视觉、听觉等多种感官的协调，使用户在使用过程中感受到愉悦和满足，增强用户对产品的好感度和忠诚度。此外，智能产品的交互设计还需考虑多设备的兼容性和无缝集成，确保用户可以通过统一的界面管理和控制不同的智能设备，进一步提升用户体验。综合来看，交互设计通过简化操作、提升效率、提供愉悦体验以及支持多设备管理，全面提升智能产品的用户体验和市场竞争力。

例如，亚马逊Echo通过Alexa语音助手实现语音控制家电，极大地提升了用户的交互体验。过去，用户需要走到设备前操作或使用遥控器，而现在只需通过语音命令即可控制智能家居设备，如灯泡、恒温器和家庭娱乐系统。Alexa智能家居平台（图2-9）集成了Alexa语音交互服务、Alexa技能包和Alexa智能家居API（图2-10），再配合亚马逊无服务器计算（AWS Lambda），快速构建基于云端的一站式技能，赋予智能设备语音交互能力。通过持续的用户测试和反馈机制，不断优化Alexa的交互设计，提升语音识别准确性和自然语言处理能力，增加更多智能家居控制功能。用户可以通过 Alexa 例程和设备组简化操作，自定义场景和设备编组，实现更便捷的智能家居体验。Alexa 智能家居平台不仅提供了强大的功能，还通过多连接方式和低门槛使用，满足了不同用户的需求，提升了生活质量和便利性。

用户首先在 Alexa App 上启用智能家居技能（Smart Home Skill），并将其与设备云账号关联。这样，Alexa 能够发现并控制与该账号关联的设备。当用户通过语音指令，如"Alexa，把厨房的灯调亮50%"或在 Alexa App 上调整设备设置时，Alexa 会理解用户的意图，并生成一个包含授权信息、设备唯一标识和新设置数据的请求指令。该指令随后被发送到部署在亚马逊无服务器计算的技能中，该技能解析指令与设备云进行交互。技能最终将操作结果以事件消息的形式回复给 Alexa，Alexa 再通过事件信息告知用户操作是否成功。此外，智能家居技能 API 允许设备状态的实时更新，从而确保用户在 Alexa App 上能够即时查看和控制设备状态。交互工作原理如图2-10所示。

Alexa 智能家居平台的交互设计集中

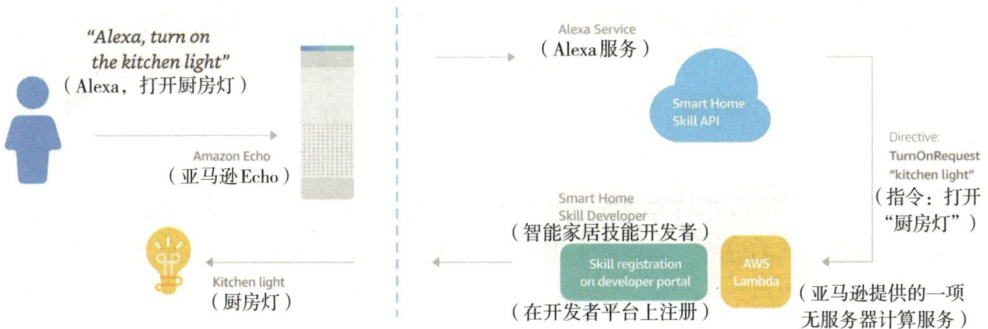

图2-9　Alexa智能家居的交互流程图

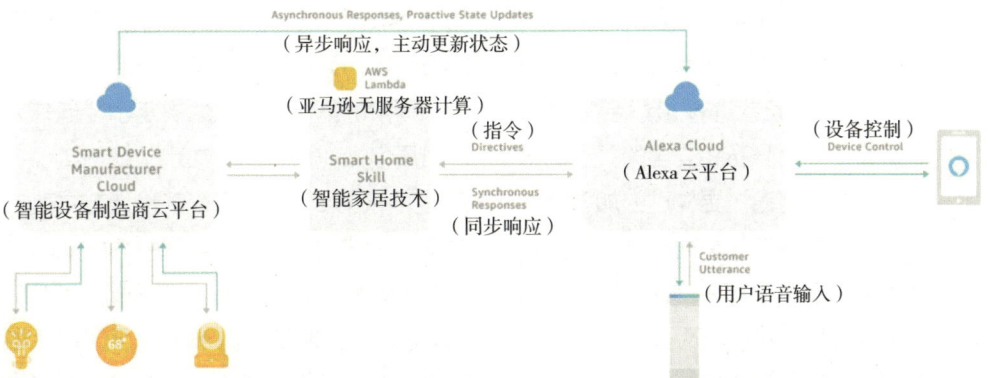

图2-10　Alexa智能家居API工作原理

在简化用户与智能设备之间的互动，主要体现为自然语言处理、多设备兼容性、实时状态更新、无缝集成和用户授权与安全等方面。通过先进的自然语言处理技术，用户可以使用自然的口语与Alexa互动，无需学习特定格式的命令。平台支持多种智能设备，用户可以通过Alexa App统一管理和控制不同品牌和类型的设备。设备状态的实时更新功能提高了用户对智能家居系统的控制感和使用便利性。智能家居技能API使开发者能够将他们的智能设备与Alexa平台无缝衔接，用户只需简单设置即可在Alexa App中发现和配置新设备。同时，每个请求指令都包含用户授权信息，确保操作的安全性和用户隐私的保护。

未来的交互设计趋势包括更自然的用户体验、多模态交互、保护隐私和安全、智能自动化，以及开放和互操作性。随着自然语言处理技术的进步，语音助手将更加精确地理解和响应用户的复杂需求，提供更加直观的用户体验。感知能力将使智能家居系统根据用户的历史行为、位置和当前情景提供个性化服务。多模态交互将融合语音、触摸、手势和面部识别等，方便用户根据不同场景选择最适合的交互方式。随着用户对隐私和安全的关注的增加，未来的设计将通过更先进的加密技术和安全协议确保用户信息的安全。智能自动化将利用机器学习和人工智能技术，预测用户需求并自动执行任务，提高使用效率。开放和互操作性将使智能家居平台支持更多第三方设备和服务，用户可以自由选择和定制他们的智能家居生态系统。

## （4）未来预测

未来预测在产品设计中融入前瞻性和创新性，确保产品具有未来竞争力。基于技术趋势和社会变化的分析，设计师能够提前做好准备，迎接未来可能出现的需求和场景。基于对当前技术、社会、经济和环境趋势的深入分析，预测未来的发展方向，从而为产品设计提供指导；通过用户调研和行为分析，深入了解目标用户的需求、偏好和行为，预测未来用户的需求和期望，为产品设计提供灵感；引入前沿技术和创新方法，为智能产品增加创新功能和体验；建立预测模型和算法，利用大数据分析和机器学习技术，实现精准预测和决策支持，快速响应未来市场走向和用户需求的变化；开展创新实验和原型测试，验证未来概念和想法的可行性，设计团队可以快速迭代和优化产品设计，确保产品具有前瞻性和未来竞争力。

未来预测已经成为智能产品概念设计中的关键要素，为设计师和企业提供了重要的洞察力和指导，从而创造出更具前瞻性和市场竞争力的智能产品，以满足未来用户的需求。想象力决定了我们未来的发展潜力，而行动力决定了我们实现这些潜力的速度。预测未来的最佳方式就是主动创造未来。2021年9月，华为举办了智能世界2030论坛，并发布了《智能世界2030》报告，对未来十年的智能世界进行了系统性的描绘和产业趋势的展望（表2-2）。

表2-2　智能世界2030展望和趋势

| 维度 | 2030年展望 | 实现手段与技术支持 |
|---|---|---|
| 健康 | 从"治已病"到"治未病"，实现疾病的主动预防；个性化的治疗方案 | 公共卫生和医疗健康数据的计算建模，物联网、AI等技术 |
| 饮食 | 普惠绿色饮食，人造肉满足营养需求 | 垂直农场规模应用，3D打印技术 |
| 居住 | 在零碳建筑中工作和生活，拥有"懂你"的自适应空间 | 下一代物联网操作系统 |
| 出行 | 拥有专属的移动第三空间，新型载人飞行器改变通勤方式 | 自动驾驶的新能源汽车，新型载人飞行器 |

## （5）可持续性创新

可持续性创新在智能产品概念设计中不仅能够实现经济、环境和社会效益的协调统一，还能确保产品在未来市场中占据有利位置。

它关注经济效益、环境保护和社会责任的协调统一。这种创新理念贯穿于产品的整个生命周期，从概念阶段到生产、使用和最终处置。在设计阶段，设计师应优先选用可再生、可降解或可回收的材料，并选择低污染、低能耗的制造工艺，以减少对环境的负担。例如，苹果公司在其产品设计中积极采用可持续性创新理念（图2-11），其产品使用可回收材料，尤其是铝材。在MacBook Air和Mac mini的机身中使用100%再生铝，这些铝材来自回收的iPhone和其他设备的铝金属碎屑。这种做法不仅减少了对原生铝的需求，还显著降低了碳排放，因为再生铝的碳足迹仅为原生铝的1/402。此外，苹果公司还在其产品中使用可回收的稀土元素和其他金属，进一步推动了循环经济的发展。在节能设计方面，苹果公司通过优化硬件和软件、自动化管理系统以及使用可再生能源来提升能源利用效率，还在其生产设施中广泛使用清洁能源，如太阳能和风能，以减少生产过程中的碳排放。

除了环境和经济效益，可持续性创新还包括社会责任。设计师应确保产品设计和生产过程中遵守公平贸易和劳动权益保护标准，促进社会可持续发展。通过实施负责任的供应链管理，确保原材料的采购符合环保和社会责任要求，进一步增强产品的社会价值。在智能产品的概念设计中，融入可持续性创新理念，不仅能够实现资源的高效利用和环境的保护，还能提升产品的市场竞争力和社会价值。通过全面考虑材料选择、生产过程、使用能效、产品处置及社会责任等方面，智能产品设计能够更好地实现经济、环境和社会效益的协调统一。

## （6）模块化设计

模块化设计在智能产品概念设计中发挥着关键作用，其核心在于将产品划分为

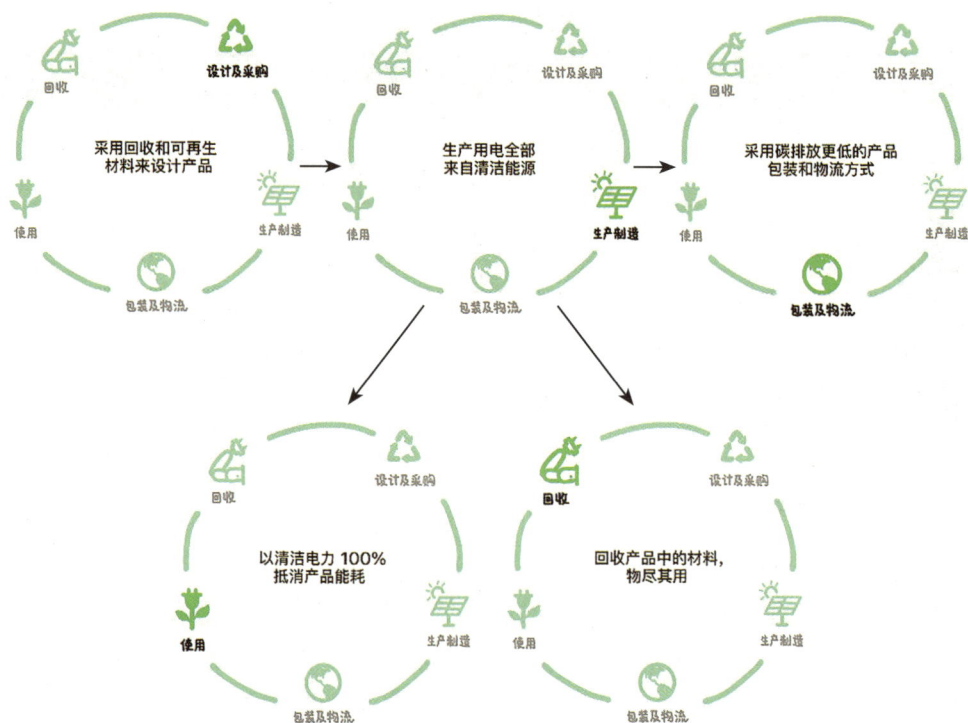

图2-11 苹果公司产品可持续性设计流程图

独立的功能模块，以实现更高的灵活性、可扩展性、易维护性和可定制性。

　　模块化设计通过将产品功能分解成多个独立的模块，使产品能够根据用户的具体需求进行灵活组合。这种设计允许用户根据个人需求或环境变化，选择和替换不同的模块，从而使产品能够适应不断变化的使用场景，使得产品在功能扩展方面具有较大的灵活性。用户可以通过添加或升级模块来增强产品的功能，而不需要完全更换整个设备。例如，华为智能手表（图2-12）可以通过更换不同的模块来增加新功能，如健康监测、定位或支付功能，这种设计不仅延长了产品的生命周期，也使得用户可以根据需求不断升级

产品。

　　此外，模块化设计在智能产品的维护和修复过程中也大大简化了操作。由于产品由多个独立模块组成，故障修复变得更加高效，用户只需更换故障模块，而无需对整个设备进行维修或替换。这种设计减少了维修成本并提高了用户满意度。产品在生命周期中，模块化设计还对生产和环境影响具有显著的正面作用。通过标准化

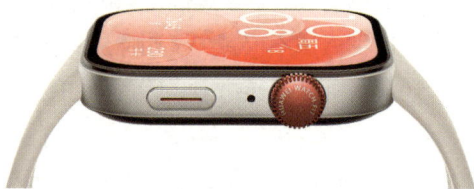

图2-12 华为智能手表

的模块接口和生产流程，制造商可以提高生产效率，减少资源浪费，使得回收和再利用更加便捷，减少了电子垃圾的产生。企业通过推出新模块、引入最新技术，使产品能够迅速适应市场变化，同时提升产品的兼容性和互操作性。

这些原则为智能产品的概念设计提供了重要的指导和支持，有助于设计团队创造出具有前瞻性、差异化和竞争力的产品。未来的智能产品概念设计将更加注重个性化定制和无缝衔接，广泛应用增强现实与虚拟现实技术，提供更好的沉浸式用户体验。同时，通过大数据分析，设计师能够更准确地预测用户需求和市场趋势，从而设计出更符合用户期望的产品。这些变化不仅能使智能产品在市场中脱颖而出，还能满足用户不断变化的需求，并推动整个行业向前发展。

# 小　结：

通过本章的学习，同学们将更深刻地理解科学技术在智能产品概念设计中的作用。一个智能产品的最终实现虽然受到科学技术的制约，但概念设计可以超越现有技术的局限，提出新的要求和期望。这些前瞻性的构想不仅引领和推动着科技的发展，还能促使科技在更高层次上服务于人类。智能产品概念设计需要设计者具备敏锐的时代触觉和洞察力，能够在日常生活中捕捉未来的迹象与机会，并在新兴科技领域中探索各种可能性。随着科技的不断创新，社会正面临重要的变革，智能产品设计不仅关乎具体物品的功能与形态，更涉及如何让技术更好地服务于人类，协调科技、商业、资本、生态与资源，以及人类与社会之间的关系。概念设计既能反映生活方式的变化，又能推动技术进步。简而言之，科技的进步离不开智能产品概念设计的引领与推动，它促使科技向着更高、更远、更新的方向发展。无论是对设计师个人、生产企业，还是对整个社会与未来，智能产品概念设计都具有不可忽视的深远意义。

## 思考与习题：

①关注智能产品领域的最新科技动态，分析未来技术创新在智能产品概念设计中的发展趋势。

②分析并思考科学技术与智能产品概念设计之间的辩证关系，探讨技术如何推动设计创新，同时设计又如何引领技术的应用。

# Chapter

# 第 3 章

# 智能产品概念设计创新思维方法和设计流程

**本章学习重点：**

① 理解智能产品概念设计的创新思维方法，能够准确阐述设计及设计创新思维模式的核心概念；

② 掌握智能产品概念设计的创新思维方法与设计流程，能够在设计实践中灵活应用并深刻领悟。

# 3.1 智能产品概念设计的创新思维方法

在智能产品概念设计的思维方法中，创新思维方法是关键要素。设计领域面对日益复杂的挑战，传统方法已难以应对，需要通过创新思维打破固有模式，找到独特的解决方案。这种思维方式不仅能够满足用户日益多样化和个性化的需求，还能帮助设计师在竞争激烈的市场中脱颖而出，提升产品的独特价值和企业的竞争力。通过将新兴技术融入设计，创新思维方法将推动智能产品的智能化和互动性，进一步促进设计与技术的深度融合。此外，创新思维还引领市场趋势，使设计师能够开发出具有前瞻性的产品，并通过解决社会问题，提升生活质量。总之，创新思维方法在智能产品概念设计中起着至关重要的作用，推动设计行业不断进步与发展。

## 3.1.1 设计概念思维模式衍生方法

设计是一项具有较高操作性和实践性的价值创造活动。在开展设计工作时，常面临如何在合理时间内系统地提出合乎逻辑的设计方案，以及如何将构想转化为现实等问题。这些问题涉及设计活动中的思维模式。过去，设计深受包豪斯（Bauhaus）设计教育的影响，其设计教育流程通常包括学习技法、提出设计概念、具体化呈现。然而，随着设计关注范围的不断扩展和演化（表3-1），唐纳德·诺曼（Donald A. Norman）在1988年出版的《设计心理学》中首次提出了"以人为本设计"的理念，并倡导目标—评估—执行的设计程序，这一理念颠覆了传统的设计学思维方式。

**表3-1　设计关注范围的发展变化**

| 阶段 | 设计关注范围 | 设计思维特点 | 代表人物/理论 |
| --- | --- | --- | --- |
| 传统设计阶段 | 主要关注产品功能与形式，强调技术实现与美学效果 | 设计过程线性，强调手工技艺与工艺制作 | 包豪斯学派 |
| 功能主义设计阶段 | 关注产品的实用性、功能性及其与使用者需求的契合度 | 强调设计与人类需求之间的联系，产品设计以功能为导向 | 密斯·凡·德·罗 |
| 以人为本设计阶段 | 强调用户体验、情感需求与设计交互界面，关注人类行为与心理需求 | 设计从以物为中心转向以人为中心，强调设计心理学、情感设计与用户体验 | 唐纳德·诺曼 |
| 设计思维阶段 | 关注跨学科协作、创新与系统化问题解决，整合技术、商业和用户需求 | 发散与收敛相结合，跨学科合作，强调设计过程中的创意碰撞与灵感生成 | IDEO创始人大卫·凯利（David Kelley）& 蒂姆·布朗（Tim Brown） |

续表

| 阶段 | 设计关注范围 | 设计思维特点 | 代表人物/理论 |
|---|---|---|---|
| 可持续设计阶段 | 聚焦环保、社会责任、长期影响与可持续发展 | 强调社会责任与环境保护，设计不仅考虑使用价值，还考虑产品生命周期的可持续性 | 威廉·麦克唐纳（William McDonough） |
| 智能化与服务设计阶段 | 关注智能技术、服务设计与用户全生命周期，结合物联网与人工智能 | 强调设计与科技、社会趋势的结合，关注产品与服务的互动体验 | 设计思维、用户中心设计（UCD） |

在研究和设计产品的过程中，设计师实际上是在设计其背后的文化，通过自身所擅长的方式将对文化现象的理解转化为信息表达出来。在这一层面上，产品是一种媒介，通过这种媒介传达信息。传达需要语言，无论是国家或民族的语言，还是视觉语言和肢体语言，都代表一种独特的世界观、文化、哲学和思维方式。因此，智能产品设计概念的思维模式离不开我们对于文化和语言的理解。文化、语言、符号是衍生设计概念的土壤和源泉。

如图 3-1 所示，设计师通过符号等专业技巧将智能产品的概念传达给用户。在智能产品设计中，创意和执行是两个关键阶段。创意阶段侧重概念的产生和发展，是将普通思维模式转变为创意型思维模式的过程。利用可激发灵感的思维技巧，可以迅速实现将设计概念从无到有转化，适用于音乐、绘画、设计和科技发明等各种创作项目。这些技巧帮助设计师摒弃固化的思考习惯，专注于真正具有创新性和创造力的思维方式。

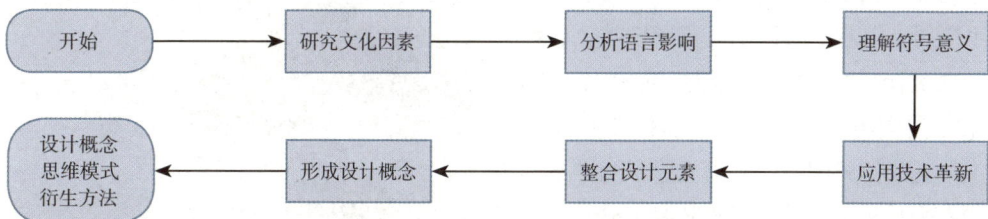

图3-1　设计概念思维模式衍生方法

### 3.1.1.1　信息的可视化

信息是通过符号、信号传递其所包含的内容，用以减少人们对事物认知的不确定性。它普遍存在于自然界、人类社会及思维中。在哲学上，运动被理解为宇宙中一切事物变化和过程的描述，是绝对和永恒的。信息则展现了事物的状态和运动规律，是我们对事物运动的知识体现。因此，信息在人类生存和发展中具有至关重要的作用。

在智能产品的概念设计中，信息扮演

着至关重要的角色。它不仅仅涉及数据的传输和存储，更是智能产品感知、理解并响应环境变化的核心要素。设计者需要将信息识别、转换和加工，以确保产品能有效地与用户互动并提供个性化的服务和体验。信息的传递和处理不仅限于单向，还包括系统对用户反馈的理解和利用，从而优化产品功能和服务。通过多次利用和信息在使用中的扩展，智能产品能够不断提升其智能化水平和用户满意度。

智能产品设计中信息的主客体二重性体现了设计与用户的互动，以及两者相互依赖的紧密关系。设计者需要理解和预测用户如何解读和利用信息，以确保产品设计能够真正满足用户的需求和期望，促进智能产品与用户之间的有效交互。

以非接触式数字水龙头设计为例（图3-2），该水龙头为健康的生活提供了两大功能：显示水温和带有动画计时器的洗手指导。该水龙头采用电容场技术，让用户高效操作水龙头；顶部直观的LED指示灯引导用户正确洗手。操作由水龙头主体上的传感器驱动。顶面显示两种不同的模式：预设水温（促进节能）或洗手指示。当未检测到用户的手时，水龙头进入等待模式。

非接触式数字水龙头的设计中，信息符号的主客体二重性尤为重要。信息客体是水龙头本身，通过显示屏和LED指示灯向用户传递水温和洗手指导的关键信息。信息主体则是用户的需求和操作行为，传感器通过感知用户手部位置和动作，实时调整水温和提供洗手指导。

信息客体——数字水龙头，显示水温和动画计时器，帮助用户在合适的水温下洗手，并提供指导以确保洗手的正确性和卫生性。LED指示灯进一步强化了信息的传达，使用户能够直观地理解和操作。

信息主体——用户需求与操作，用户通过触摸等动作控制水龙头，传感器检测到用户的存在和操作意图后，系统自动调整水温和启动洗手指导。这种互动不仅提高了用户的操作效率，还确保了用户在每次使用时都能获得最佳的体验和效果。

非接触式数字水龙头实现了智能化、人性化的设计。这种设计不仅满足了用户对节能和卫生的需求，还通过直观的操作界面和反馈机制，提升了整体用户体验。

图3-2 非接触式数字水龙头

### 3.1.1.2 产品作为媒介

麦克卢汉提出的媒介理论强调，媒介是人类感官能力的延伸和扩展。文字印刷媒介扩展了视觉能力，广播则扩展了听觉能力，而电视则同时扩展了视觉和听觉能力。同样地，智能产品如虚拟现实技术进一步扩展了视觉和触觉能力。这一理论虽建立在观察和洞察的基础上，但并非经过严格的科学实验得出的结论，而是对传播媒介如何影响人类感官的推论。

产品作为媒介，不仅仅传递信息，同时也扩展和增强用户的感知和互动能力。设计者需深入理解用户需求和行为，通过产品的智能化设计，实现信息传播和社会活动的更高效率和更个性化的体验。真正有意义的信息不仅仅是内容本身，更是与传播工具和技术结合所带来的社会变革和可能性。因此，随着技术的进步，人类社会的生活方式、价值观念和文化传承也在不断演变，这体现了时代精神的变迁和传播媒介在社会发展中的重要作用。

以苹果公司推出的iPhone 13为例（图3-3），这款智能手机作为媒介，通过其视觉信息符号传达了品牌设计师所秉承的科技创新理念，强调高效、便捷和智能化的用户体验。iPhone 13的视觉符号包括光滑的表面材质、流线型的边缘、简洁的界面设计、鲜明的色彩对比。造型设计考虑了人体工程学，圆润的边角和适合手掌握持的尺寸，为用户提供了舒适的使用体验。金属和玻璃材质的使用传达了高科技和高品质的感觉，钢化玻璃和防水设计增强了产品的耐用性和保护性。iPhone 13的设计不仅仅是视觉上的吸引力，还能唤起用户对科技进步和智能生活的联想。高端材质和精细工艺使用户感受到产品的价值和品牌的用心。高亮度显示屏和动态壁纸能够根据用户的喜好和环境变化调节，创造不同的视觉氛围，调动用户的情感。通过这些视觉符号和设计元素，这款智能手机不仅传达了科技和创新的信息，还通过视觉和触觉的双重体验，增强了用户对产品的认同感和使用满意度。

图3-3　iPhone 13智能手机

### 3.1.1.3 形态演变

在产品设计过程中，形态的重要性不可忽视，因为它是功能、语意和文化内涵的具体表达。形态由形象和状态组成，在设计系统中，每个形态要素都应具有特定的指涉意义，以确保内部要素与外部事物建立联系，实现形态的功能性。举例来说，一个简单的圆形没有明确的指涉对象，难以构成有效的符号。然而，将智能音箱的顶部触控面板设计为圆形（图3-4），可以通过形态上的设计给人一种柔和且亲切的感觉，并暗示可能具有触摸或按压功能。如果触控面板微微凹陷，人们可以通过联想将其与手指按压操作联系起来，形态要素因此具有了特定的意义，并且能够被消费者所理解。

从语言学特征的角度来看，产品形态的设计实际上是符号系统的一种体现。自然界中对称的形态可以传达出均衡和稳定的感觉，例如螺旋形灯具设计（图3-5），这种螺旋式形态不仅仅是为了美观，更重要的是直观地提示了产品的灯光调节和方向调整功能。用户可以通过灯具的螺旋部分来调整灯光的亮度或照射角度，形态符号直接传达了产品的操作逻辑和使用方式，提升了用户的互动体验和操作的便利性。

这些形态符号通过合理的产品结构和设计元素，明确界定了其语意和语用关系，使消费者能够直观理解和使用智能产品。形态演变不仅仅是产品外观的美学选择，更是通过其表达方式传达智能产品的功能性和使用逻辑，从而提升了产品的用户体验和市场竞争力。

图3-4　智能音箱的顶部触控面板

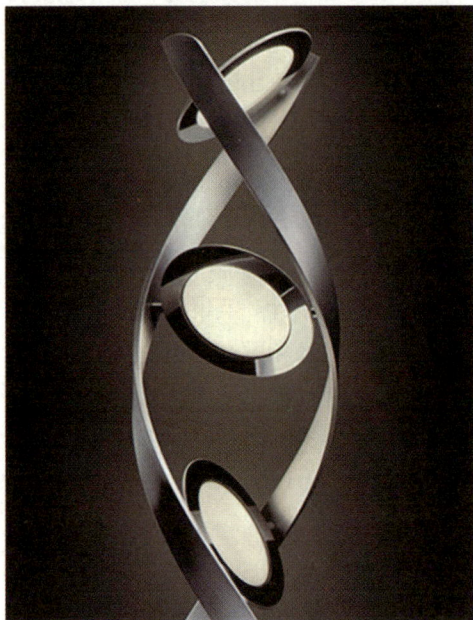

图3-5　灯具设计

因此，智能产品的设计思维方式强调形态的意义性和功能性，通过精心设计的形态要素实现用户体验的深化和产品功能的优化，从而在设计中融入先进技术并与人类感知完美结合。

### 3.1.1.4　语意

在智能产品概念设计中，语意研究实际上是探索人造物在特定环境中的象征性和意义。语言结构作为社会性的一部分，是一种约定俗成的规范，指导着人们的语言交流。语言的结构关系决定了其功能，也是语意显现的内在条件。当各种形态在产品设计中形成特定的关联时，它们不仅仅具有装饰性，还具备叙事、象征和再现的语言功能。这种设计思维方式通过精心构思的形态和结构关系，使产品能够传达深刻的语言意义，从而丰富用户体验并强化产品的视觉和感知吸引力。

丰田汽车的设计语意确实体现了日本文化中注重细节和功能美的特点，同时融入了现代化和环保理念。丰田的标识经历了多次变化，现在的丰田标识是在 1989 年公司创立 50 周年纪念时发布的（图 3-6）。这个标识由三个椭圆组成，左右对称。两个相互垂直的小椭圆分别代表顾客和厂家的心，其轮廓线重叠象征着彼此心心相印。整体外轮廓为"Toyota"的首字母"T"，同时也象征着方向盘，即车辆本身。外面的大椭圆象征环绕着丰田的世界。每个椭圆的轮廓线参考了毛笔书法的精髓，采用了不同粗细的笔画。标识的背景空间传达了丰田要传递给消费者的"无限价值"。

流畅的线条、简洁的车身结构以及高效的动力系统是丰田汽车的特点。这些元素反映了日本工艺和工程技术的高超水平。丰田汽车的豪华品牌雷克萨斯（Lexus）系列（图 3-7）展示了高品质和奢华感，同时保持了日本传统的简约美学。雷克萨斯车型通常采用精致的镀铬装饰和现代感十足的头灯设计。

随着技术进步和市场需求的变化，丰田汽车在设计上融入了现代化和环保理念，与美国和欧洲的传统设计风格形成鲜明对比。丰田的混合动力汽车如普锐斯（Prius）（图 3-8）便是其环保理念的代表，突破了传统汽车设计的界限，体现了对新能源技术的积极探索。丰田汽车的设计语意不仅体现了日本汽车文化的特质，也在全球市场上树立了品牌的良好形象和技术领导地位。

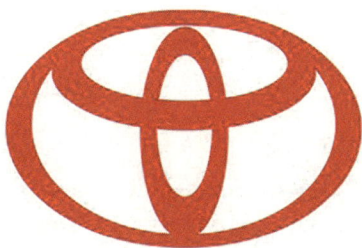

图 3-6　丰田标识

图 3-7　丰田的豪华品牌雷克萨斯（Lexus）

图 3-8　丰田的混合动力汽车普锐斯（Prius）

### 3.1.1.5　符号设计

符号学作为研究符号及其应用的学科，对于理解和应用产品设计中的语言和语意至关重要。符号学原理提供了对产品设计语意的深层次理解，设计师在表达设计概念时需要对这些原理有充分的掌握。

在古代，信使传递重要信息时常携带具有特定印记的信物，如印章或腰牌，这些印记代表了权威的认可和指示。符号的最初功能是使其所指代的原型能够在多个地点同时存在并被无限复制。现代设计中，任何有意义的形态都可以视作符号。符号通过媒介表现或指称某种被大众理解的事物，充当传递者和接收者之间的中介物，承载着双方交流的信息。

根据皮尔斯的符号学理论，符号由三种要素构成：①代表事物的形式，②被符号指涉的对象，③对符号意义的解释。这三种要素分别是媒介关联物、对象关联物和解释关联物。一个完整的符号必须具备这三种要素。例如，单独的颜色和形状，如交通信号灯中的红色圆形（图3-9），本身没有意义。当这些元素组合在一起时，红色圆形就能传达"停止"的含义。这一过程展示了符号如何通过结构关系将意义与对象世界融合为一个统一的符号系统。

图3-9　交通信号灯

**（1）视觉信息符号**

在概念设计中，视觉元素作为信息载体，可以被视作信息符号，类似于文字，构成了视觉语言的语意基础。例如，飞利浦Hue的智能照明系统（图3-10）通过不同的

图3-10　飞利浦Hue智能照明系统

颜色和亮度来调整环境氛围。这种设计不仅提供了视觉上的享受，更有效地传递了环境变化的信息，使智能照明系统成为生活方式的一部分。

再如 wind flock 概念设计（图3-11），作为模块化风力发电系统，虽然单个迷你风车本身并没有特殊意义，但它们的形态和功能使其区别于其他物体，象征创新、环保和可持续发展。

### （2）形态衍生过程

形态衍生过程在不同文化语境中呈现出显著差异，主要体现在色彩、数字、手势及象征物等方面。例如，白色在西方文化中通常象征纯洁与婚礼氛围，而在东亚文化中则常被赋予哀悼与死亡的含义；红色在中国文化中广泛代表吉祥与节庆，但在部分非洲文化中却可能具有危险或警示的意味。这种文化语意的多样性使得设计师在进行跨文化背景下的智能产品设计时，必须充分理解并尊重地域文化差异，以确保设计成果能够被目标用户正确解读与接受。

形态衍生过程不仅体现为产品外在形态的构建路径，更承载着用户认知系统中的符号生成与意义构建功能。其深层结构表现为设计语言在文化系统中的语意关联，涉及感知要素、构成结构与功能意图之间的耦合关系。在智能产品设计中，设计师应合理控制形态表达的尺度，避免过度直白导致信息冗余，或因表达过于隐晦而引发用户误解，从而在形态复杂性与可感知性之间实现有效平衡。

从系统视角来看，形态衍生过程是产品功能实现的外在表现路径，体现了由"感知外形"向"内部功能逻辑"的渐进转化。这一过程与符号系统的构成逻辑相似，即通过媒介关联物、对象关联物与解释关

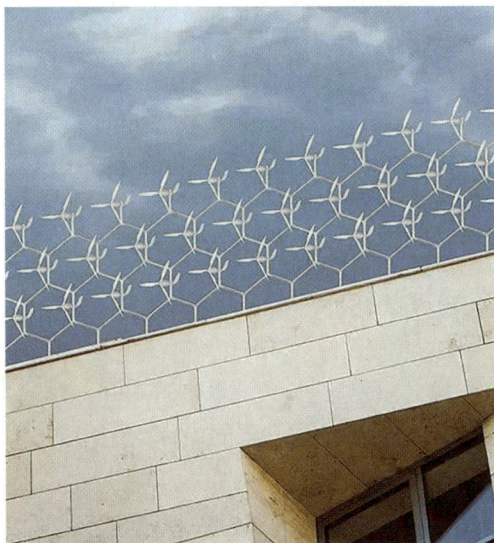

图3-11　wind flock 概念设计【设计师：阿尔曼·艾马米（Arman Emami）】

联物之间的协同作用，实现产品信息在用户心智模型中的结构化建构。解释过程不仅是形态意义生成的关键环节，也为产品与用户之间建立认知连接提供了基础支撑。

智能产品概念设计的衍生过程，可被视为由"要素"向"结构"再向"功能"的演化路径。通过结构性分析与反向建构法，设计者可在明确产品功能目标的基础上，系统地梳理形态构成单元与其所构建的功能关系（表3-2），进而为形态设计提供科学依据与逻辑支持。

**表3-2 智能产品概念设计的衍生过程**

| 类别 | 主要内容 | 详细说明 |
|---|---|---|
| 符号系统 | 媒介关联物 | 符号系统通过媒介关联物发生作用 |
| | 对象关联物 | 符号系统通过对象关联物进行关联 |
| | 解释关联物 | 解释是符号系统建立在媒介关联物和对象关联物基础上的功能体现 |
| 产品功能实现 | 形态由表至里的转化 | 产品功能的实现是从外部形态到内部功能的转化过程 |
| 产品概念衍生 | 客体（要素） | 产品概念的衍生从要素开始 |
| | 内部联系（结构） | 内部联系或结构是产品概念衍生的关键环节 |
| | 外部联系（功能） | 外部联系或功能是产品概念衍生的最终结果 |
| 设计思维 | 形态符号的角色 | 在与外部环境发生联系的过程中，形态符号扮演着重要角色 |
| | 系统思维方式 | 利用系统的思维方式去创造物质媒介 |
| | 文化语境 | 在多维的文化语境中去发掘和创造更合理的多元生活方式 |

因此，在智能产品概念设计实践中，形态衍生过程应被置于产品系统与文化语境的交汇点上进行整体思考。设计师需以系统思维统筹技术逻辑与文化表达，借助形态语言这一媒介，构建能够在多元文化背景下实现共情与认知的产品形态，使智能产品不仅具备功能效能，更具备广泛的文化适应性与用户接受度。

### （3）符号设计的应用

符号设计在智能产品概念设计中具有重要作用，涉及用户界面设计、用户体验、品牌识别、文化适应性和安全警示等多个方面。

① 用户界面设计：符号设计提升界面的直观性，使用户无需过多思考即可理解和操作。例如，全球通用的"播放"按钮（三角形符号，图3-12）和"暂停"按钮（两

个竖线符号，图 3-13）能够迅速传达操作指令。未来，符号设计将注重简洁和现代感，如利用等距透视法绘制的三维立体标志。

图 3-12　"播放"按钮

② 用户体验：设计良好的符号能提升用户体验，例如，智能家居产品中的符号可以直观展示设备状态，提升操作的流畅性。随着虚拟现实和增强现实技术的发展，符号设计将变得更加动态化。

③ 品牌识别：独特的符号设计可增强品牌辨识度。例如，苹果品牌标志（图 3-14）通过简约而独特的设计，帮助品牌传达核心价值和市场定位。

图 3-13　"暂停"按钮

④ 文化和心理影响：不同文化背景下的符号理解有所不同，设计者需确保符号在全球范围内被正确理解。例如，卡通风格的符号设计适用于家庭和儿童使用的智能设备，而简约、冷峻的设计则更适合商务领域。未来，符号设计将更加注重文化适应性。

⑤ 安全和警告功能：符号设计在智能设备中的警告功能，如电量不足、网络中断等，应具备高度可辨识性，以确保用户及时注意并采取行动。明确的符号设计可以减少误操作，提高产品的可靠性和用户信任度。

图 3-14　苹果品牌标志

总之，符号设计在智能产品概念设计中的应用不仅影响产品的直观性和易用性，还关系到用户体验、品牌识别、文化适应性和安全性等多个方面。通过精心设计和应用符号，智能产品能够更好地满足用户需求，提升市场竞争力。未来，符号设计将更加注重简洁与现代感、动态与互动、个性化与品牌独特性、文化适应性、情感与人性化以及安全与警告功能的发展。这些将推动符号设计在智能产品中的应用更加广泛和深入。

## 3.1.2　联想设计法

联想设计法是一种重要的创造性思维方法。联想是指由关于某一事物的现象、语词、动作等，引发人们对另一事物的现象、语词或动作的思考。而当某一事件触发人们的思考时，人们会将思维迁移到其他相关或不相关的事物上，这种思维过程便称为联想思维。联想思维能够突破不同概念之间的意义差距，并在新的意义上将两者连接起来，进而产生创新的想法。通过联想捕捉设计构思，并将其转化为实际的创意设计，是智能产品概念设计中常用的方法之一。这种方法不仅促进了设计创新，也为产品的发展提供了丰富的创意源泉。

在智能产品概念设计中，联想设计法是激发创新思维和拓展设计思路的重要工具。设计师可以通过将自然界现象、技术原理、文化元素等跨领域概念引入设计过程中，创造出独特且富有创意的智能产品。设计师可以从自然界的生物特征中汲取灵感，并将其应用于产品的外观或功能设计，进而打造出具有仿生特性的智能产品。以红点设计奖获奖作品Baby M儿童监视器为例（图3-15），其设计灵感源自鸟类的特征。这些特征被提取并简化后应用于产品的外观设计，使得该监视器呈现出独特的形式，增强了环境、产品与人之间的互动趣味性。使用该产品时，Baby M就像一只栖息在树枝上的鸟，似乎在为婴儿歌唱。通过创新技术的应用，Baby M不仅改进了护理婴儿的过程，还可以通过其应用程序管理所有功能，包括跟踪婴儿的健康状况和设备的工作状态。

联想设计法还鼓励跨领域的融合，设计师可以将看似无关的概念整合，创造出独特的用户体验。例如，将音乐艺术与智能家居技术结合，可以设计出一种能够根据用户情绪自动调整音乐播放的智能音箱。以Amazon Echo（一款智能音箱）为例（图3-16），这款音箱利用Alexa的情感识别功能，根据用户的语音情感状态推荐并播放合适的音乐。当用户感到高兴时，音箱会自动播放欢快的歌曲，提供与用户情感状态相匹配的音乐体验。

此外，联想设计法有助于优化用户体验。设计师可以通过观察用户在其他场景中的行为习惯，从中获得灵感，以改进智能产品的交互设计，提升操作的直观性和便捷性。在面对设计瓶颈时，联想设计法还能帮助设计师通过关联其他领域的解决方案找到突破口。例如，在优化智能穿戴设备的佩戴舒适性时，设计师可以联想到运动服装的面料设计，借鉴其轻量化和透气性的材料与结构，应用于智能设备的设计中，从而提升用户的使用体验。一个典型案例是南洋理工大学与中国科学院合作开发的高性能柔性纤维材料（图3-17），这种材料不仅可以编织进衣物中，实现心率监测等功能，同时还能保持衣物的轻便和透气性，为智能运动服的设计提供了创新性解决方案。

图3-15　Baby M儿童监视器

图 3-16　Amazon Echo 智能音箱

通过联想设计法，设计师能够突破传统思维框架，丰富自己的想象力，并开拓更为广阔的设计空间，从而创造出多样化且立体化的产品形态。这种方法不仅激发了消费者的联想，引导他们进入一个充满创意的思维空间，也为智能产品概念设计注入了新颖和独特的创意。通过从多角度、多领域获取灵感，联想设计法不仅拓宽了设计思路，还显著提升了产品的创新性和市场竞争力，确保设计成果符合用户需求，推动智能产品的不断升级与优化。

图 3-17　高性能柔性纤维材料

## 3.1.3　定点设计法

定点设计法通过列举方式突出要解决的问题，具有明确的针对性，旨在帮助设计师克服感知不足的障碍，以新奇的视角详细列举事物的各个细节，从而更清晰地理解并表达具体目的和指标。此方法包括特征列举法、希望点列举法、缺点列举法等多种表达形式，能够有效引导设计师在智能产品概念设计中识别关键需求，优化产品功能，并提升用户体验。

### 3.1.3.1 特征列举法

特征列举法是指通过识别并列举智能产品的基本元素特征（或称特性），以这些特征为出发点来探索产品改进的可能性。这种方法帮助设计师明确需要改进的具体目标，并引导出多种创新的解决方案。在智能产品概念设计中，特征列举法能够有效揭示产品的关键特点和潜在问题。设计师可以针对这些特征进行深入分析，从而提出具有实际应用价值的改进方案。

## 案例分析：Range Pop 微波炉

### （1）外观设计

特点：Range Pop 微波炉（图3-18）的门采用向上开启设计，与传统微波炉的门的开启方向不同。这种设计不仅增强了操作的便利性，还能使用户在操作时保持安全距离。

设计优点：向上开启的门减少了电磁波泄漏对用户的潜在影响，提高了安全性。此外，整个正面是显示器，既可以作为时钟使用，又能在加热时充当计时器，这种双重功能的设计提升了产品使用的便利性和实用性。

图3-18　Range Pop 微波炉

### （2）加热技术

特点：微波炉内设有自动升降的托盘，这种托盘设计能在放置食物后自动下降并将门关闭，加热完成后，托盘会自动升起。

设计优点：自动升降托盘和门的设计简化了用户操作，降低了使用者直接接触热食物的风险，提高了操作的便捷性和安全性。

### （3）控制面板与显示功能

特点：微波炉的正面是显示器，除了显示时间外，还能在加热过程中用作计时器。控制面板简洁直观，用户可以轻松设置温度和时间。

设计优点：集显示和控制功能于一个界面，提升了操作的直观性和易用性。显示器的多功能性（时钟和计时器）使得设备更加实用。

### （4）附加功能

特点：微波炉盖子上配有加水的小托盘，防止加热过程中食物过于干燥。此外，微波炉的内部设计允许一次加热两种不同类型的食物，其中不含汤的食物可以直接放在托盘上。

设计优点：加水托盘的设计有效防止食物在加热过程中失去水分，改善了食物的口感。内部的双层设计使用户可以同时加热多种食物，增加了产品的灵活性和功能性。

**（5）清洁与维护**

特点：微波炉的托盘设计允许用户添加柠檬水以帮助去除污垢。

设计优点：这一清洁功能使得维护更加便捷，有效减少了清洁过程中的繁琐步骤，优化了用户的使用体验。

总结：通过使用特征列举法，Range Pop 微波炉在设计上具备了多项创新特性。向上开启的门提高了微波炉的安全性，自动升降托盘和显示器的多功能设计提升了操作便捷性。加水托盘和双层设计增加了功能的灵活性，清洁功能的细节设计则便于维护。这些设计优化不仅增强了产品的实用性和用户体验，还提升了其在市场上的竞争力。

## 3.1.3.2　希望点列举法

希望点列举法是一种系统化的设计方法，旨在明确智能产品应具备的关键属性、功能和使用方式。该方法首先要求设计师详细列举出对产品的期望，包括功能需求、用户体验目标（如界面的直观性、操作的便捷性及互动的自然性）、技术要求（如所需的传感器技术、数据处理能力和系统兼容性）以及市场需求（如产品在市场中的独特卖点和竞争优势）。

在列举出这些希望点之后，设计师需要对主客观条件进行全面分析。主观条件包括设计师的创意、团队的专业技能和项目的创新目标，而客观条件则涉及技术可

行性、预算限制、材料选择和生产能力等外部因素。通过对这些条件进行对比和评估，设计师能够确定哪些希望点在实际生产中可行，并根据这些分析结果制定实际的设计方向和策略。

依据这些综合分析，设计师可以明确设计目标，确保设计方向与实际条件相匹配，从而提升设计的实际可行性和市场适应性。希望点列举法不仅帮助设计师系统化地定义产品设计目标，还能有效地对接主客观条件，确保设计方向与实际条件相匹配，从而提升设计的实际可行性和市场适应性。

**案例分析：Nespresso Expert智能咖啡机**

Nespresso Expert智能咖啡机（图3-19）是目前成功应用希望点列举法

的一个典型案例。设计团队在产品开发初期，详细列举了用户对这款咖啡机的期望

和功能需求，包括个性化咖啡制作、智能控制、便捷操作和现代化的外观设计。

图3-19　Nespresso Expert 智能咖啡机

① 功能需求：用户希望能够通过简单的操作制作出多种不同风味和浓度的咖啡。这款咖啡机满足了这些需求，提供了多种咖啡饮品选择，如浓缩咖啡、双倍浓缩、浓烈意式、拿铁和卡布奇诺。同时，它配备了一个内置的牛奶加热和泡沫系统，为用户带来更多样的饮品选择。

② 用户体验目标：为了提升用户体验，设计师将智能控制系统集成到咖啡机中。用户可以通过手机中的Nespresso App远程控制咖啡机，设定咖啡的温度、杯量，以及奶泡厚度，还能接收提醒，确保咖啡豆和水的充足供应。通过这些智能功能，Nespresso Expert 智能咖啡机为人们提供了高度个性化和便捷的咖啡制作体验。

③ 技术要求：设计团队还考虑了传感器技术、物联网集成和机器学习的应用。咖啡机的加热系统采用精准的温控技术，确保每一杯咖啡都达到理想的温度和口感。此外，产品材料和工艺也经过仔细选择，以确保高品质和耐用性。

④ 市场需求：这款咖啡机的独特卖点在于其简洁的操作和智能化的设计，成功地迎合了现代消费者对高效、便捷和个性化的需求。Nespresso Expert 智能咖啡机凭借其创新设计、卓越性能和优质用户体验，在市场上获得了广泛的认可和良好的销售业绩。

通过希望点列举法，Nespresso Expert 智能咖啡机实现了用户对高品质咖啡体验的所有期待，同时也在智能家居领域树立了一个成功的标杆。

### 3.1.3.3　缺点列举法

缺点列举法是一种以发现和解决现有产品或系统中的不足为核心的设计方法。该方法的关键在于将设计师的注意力集中在现有产品的缺陷上，通过系统性地识别并列举这些缺点，设计师可以深入了解产品的局限性和用户痛点。在此基础上，设计师能够提出具有针对性的改进方向，或者创造出全新的产品来更好地实现现有产品的功能。

在智能产品概念设计中，缺点列举法不仅有助于提升现有产品的性能和用户体验，还能推动设计师打破传统思维模式，激发创意。例如，在评估一款智能家居设备时，设计师可能会列举出其在用户界面、功能整合、互操作性、能源效率等方面的缺点。通过针对这些缺点的深入分析，设计师可以制定出具体的改进方案，如简化用户操作流程、增强设备的多功能性、提高与其他智能设备的兼容性，以及优化能源消耗。这种方法不仅有助于对现有产品的优化，还可能引导设计师创造出全新的智能产品，以满足市场需求并提升用户满意度。缺点列举法通过对问题的正视和深刻分析，推动了智能产品的持续创新和发展。

## 案例分析：Dyson V11无绳吸尘器

Dyson V11无绳吸尘器（图3-20）的设计过程很好地体现了缺点列举法在智能产品设计中的应用。戴森的设计团队通过分析传统吸尘器和早期无绳吸尘器的缺点，提出了针对性的改进，最终开发出了一款功能强大、使用便捷且智能的无绳吸尘器。

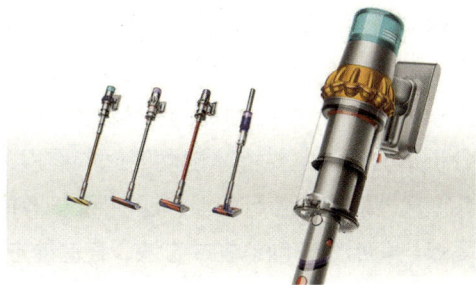

图3-20　Dyson V11无绳吸尘器

### （1）缺点分析

① 传统吸尘器的笨重：传统吸尘器通常笨重且体积较大，用户在使用时需要不断地插拔电源线，移动不便，操作过程较为繁琐。

② 早期无绳吸尘器的续航问题：许多早期的无绳吸尘器存在续航时间短的问题，电池容量有限，导致用户在打扫过程中频繁充电，影响清洁效率。

③ 吸力不足：早期的无绳吸尘器在吸力方面往往不如有绳吸尘器，难以有效清洁颗粒较大的灰尘和顽固污渍，影响了清洁效果。

④ 缺乏智能化功能：传统和早期无绳吸尘器在使用过程中缺乏智能化的监控和调整功能，无法根据不同地面的清洁需求自动调节吸力和运行时间。

### （2）改进与创新

① 轻量化设计：Dyson V11无绳吸尘器采用轻量化设计，用户可以轻松提起并操作，无需再拖着笨重的设备进行清洁。它的无绳设计彻底消除了电源线的限制，使清洁过程更加灵活和方便。

② 增强电池续航能力：Dyson V11无绳吸尘器配备了高效能锂电池，续航能力得到了显著提升，用户可以长时间使用而无需频繁充电。此外，电池还支持更换，进一步延长了清洁时间。

③ 强劲吸力：Dyson V11无绳吸尘器配备了Dyson Hyperdymium™电机，拥有强劲的吸力，能够有效清除各类灰尘和污垢。它还拥有多种吸头，可以清

洁不同类型的地面和家具表面，确保清洁效果。

④ 智能感应系统：Dyson V11无绳吸尘器的内置智能感应系统可以实时监测地面类型，并自动调整吸力和电池续航时间，以实现最佳清洁效果，LCD显示屏可以让用户随时了解当前的电池状态、运行模式和剩余清洁时间，提升了用户体验。

通过应用缺点列举法，Dyson V11无绳吸尘器成功解决了传统和早期无绳吸尘器的种种缺点。它在轻量化设计、强劲吸力、长效续航以及智能感应系统等方面的创新，使其成为市场上备受推崇的高端吸尘器产品。Dyson V11无绳吸尘器不仅大幅提升了清洁效率，还为用户提供了更为便捷和智能的使用体验，成为智能家居领域的一款典范产品。

## 3.1.4 头脑风暴法

在智能产品概念设计的过程中，头脑风暴法是一种关键的创意思维工具，其目的是全面探讨设计的各个方面，以寻找更广泛的设计突破口。在实际设计过程中，灵感固然是创意的最佳来源，但设计师不能仅仅依赖于灵光乍现的瞬间，特别是在面对突如其来的项目需求时，必须主动运用各种方法来激发灵感。头脑风暴法中的递进策略尤为常用，首先提出一个初步想法，然后通过引申、次序调整、元素替换、反向思维和同类置换等多种思维方式逐步深入，允许思维自由跳跃，从一个不受限制的构思衍生出新的创意。

对于依赖创意进行工作的设计师而言，设计瓶颈是不可避免的。长期重复性工作的惯性思维可能导致设计思维趋于程式化，而从小被灌输的常规概念可能让设计师难以跳脱既定框架，陷入思维定式。然而，当面对这些障碍时，头脑风暴法提供了一个有效的解决方案。通过集中注意力，专注讨论内容，并充分发挥个人的想象力，设计师能够在较短时间内产生大量富有创造性和高水准的设计概念，从而推动智能产品设计在各个方面取得突破。

"头脑风暴"一词最初源自20世纪初心理学家西格蒙德·弗洛伊德的研究，弗洛伊德将其作为一种心理治疗手段，让病人躺在躺椅上进行自由联想，与他们共同分析这些想法。然而，随着时间的推移，头脑风暴演变为各行各业广泛使用的一种高效、有组织的创意生成方法。在这种方法中，数名专业人士聚集在一起，在短时间内进行不受拘束的自由讨论，提出问题并提出众多意见和思路。

相较于独自冥思苦想，头脑风暴的优势在于其集体创造性思维的激发。虽然灵感的源泉是我们的大脑，但大脑本身仅仅是一个产生创意的工具，真正激发创意的原料来源于我们的经历：看到的、听到的、闻到的、品尝到的、感觉到的、遇见过的人和去过的地方，这些经历才是联想和创意生成的关键。然而，个人经历总是有限的，当来自不同背景和成长经历的人就同一问题展开交互性探讨时，头脑风暴的优势就愈加明显。这种交互性的刺激能够大大激发创造性思维，并促使参与者相互启发，从而在智能产品概念设计过程中产生更多新的想法。

在智能产品概念设计中，头脑风暴是一种极为有效的创意生成方法。举个简单的例子，假设有 5 个人参与一个提案的创意讨论。在第一阶段，每个人提出一个方案，总共得到 5 个初步方案。到了第二阶段，5 个人各自对这些初步方案进行深入探讨，由于每个人的思维方式不同，这 5 个初步方案可能会衍生出多达 25 个新的思路。与单独思考相比，头脑风暴的创意生成效率可能呈指数级增长。

对于团队型的头脑风暴，通常建议团队规模控制在 4～10 人，这样能够确保互动的有效性和讨论的连贯性。在团队中，每个成员的思考点往往基于自身的生活经验和对未来的预见，因此，当某个成员提出一个优秀的创意时，其他成员可以在此基础上进一步改进或提升这个创意，从而推动智能产品设计的持续创新和优化。

在智能产品概念设计中，组织有效的团队进行头脑风暴至关重要。一个好的组织者必须具备协调能力，并能够掌控全局。以下是一些关键点。

① 准备工作：组织者需要提前准备好合适的会议空间和必要的工具，如纸笔、白板、公告板等。有些人更喜欢在头脑风暴时用文字表达，而另一些人则倾向于通过线条、图形或图表进行表达。因此，准备素描本等工具可能更能激发参与者的创意。白板可以用来列出关键的词语和图示，而公告板则可以灵活地组合和展示各种信息。在某些情况下，还可能需要使用录音笔、照相机或录像机来记录会议内容，以确保每一个细节都不被遗漏。随着科技的进步，一些大企业已经采用了专门的项目管理软件来提升头脑风暴的效率。

② 明确讨论主题和目标：在热烈的讨论中，如果没有明确问题的所在，团队很容易偏离主线。组织者需要确保所有参与者都清楚讨论的目标和问题的背景，以避免浪费时间和精力。

③ 制定并执行讨论规则：例如，在头脑风暴阶段，可以规定只提出问题，不讨论其可行性。这意味着避免对新创意做出"这个想法不现实"之类的评价，确保创意能够自由涌现。

④ 设立时间节点：明确每项任务的完成期限，并按时间表行事，可以避免无谓的拖延，同时确保团队整体效率不受个别成员进度的影响。

⑤ 选择专业参与者并分享创意：确保参与者都是本领域的专业人士，或至少具备必要的背景知识。组织者应负责收集和整理所有创意，并及时向团队公开，以促进这些创意的进一步发展和改进。

⑥ 维护良好情绪和氛围：组织者要确保每个人的发言都能得到聆听和尊重，避免嘲笑或直接否定任何创意。这有助于营造轻松、和谐的讨论氛围，让每个人都能充分参与。即使遇到讨论中的瓶颈，组

织者也应保持积极态度，帮助团队克服难题。

⑦ 避免急于下结论：头脑风暴的目的是提出问题，而不是立即解决问题。不要期待在短时间内得出一个完美的创意，而是让创意自然流动。通过从多个创意中筛选，找到最佳方案的可能性更大。

⑧ 保持会议秩序：组织者要确保会议在热烈但有序的状态下进行，使用适当的技巧来激发团队的思考积极性。调动团队成员的教育背景和经验，甚至五种感官，以激发更丰富的创意联想。

通过这些方法，头脑风暴可以在智能产品概念设计中最大限度地激发创新思维，推动设计的突破和进步。

## 案例分析：戴森 Airblade™ 9kJ 干手器

戴森 Airblade™ 9kJ（图 3-21）是戴森公司推出的一款高效干手器，旨在提供极快的干手体验，同时提高卫生性和节能性。戴森 Airblade™ 9kJ 采用了创新的空气刀技术，能够在极短的时间内干燥手部，并减少对纸巾的依赖。

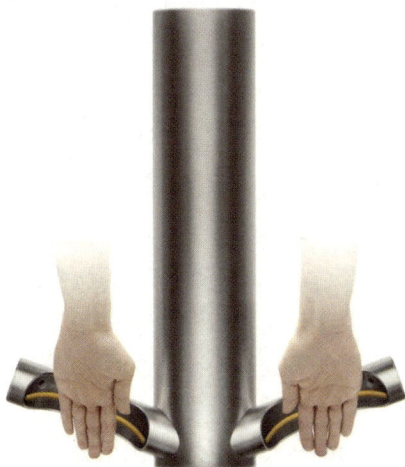

图 3-21　戴森 Airblade™ 9kJ 干手器

### （1）设定明确的目标和问题

目标：设计一款能在更短时间内吹干手部的干手器，同时提高卫生性，并减少环境影响。

问题：现有的干手器可能存在干燥时间长、卫生性差和能源消耗高的问题。如何在保持高效吹干的同时解决这些问题？

### （2）初步创意生成

头脑风暴会议：团队召开了头脑风暴会议，讨论了多个创意方向，如提升气流速度、优化空气流动路径、降低噪声等。

创意列表：提出了包括改进气流系统、采用空气刀技术、提升能效等初步方案。

### （3）递进法和多角度分析

递进法：从提升气流速度这一创意出发，进一步探讨如何设计一个更高效的风扇系统，以产生更强的气流。

多角度分析：从用户体验、技术可行性、卫生标准等多个角度分析每个创意。例如，设计无接触的干手系统以减少交叉污染的风险，并探讨如何减少设备的能耗。

### （4）逆向思维

逆向分析：分析传统干手器的不足之处，如干燥时间长和噪声大，研究如何通过技术创新来弥补这些缺陷。

改进建议：基于逆向分析，建议使用高效气流技术和优化空气刀设计，以提升干燥效果并减弱噪声。

### （5）类比和模拟

类比：研究其他高效气流设备的设计，如高速吹风机的气流技术，了解其成功的设计理念，并将这些理念应用于戴森 Airblade™ 9kJ 的设计中。

模拟：模拟不同气流模式下的干手效果，评估各设计方案的性能，并进行比较和优化。

### （6）创意筛选和实施

创意筛选：选出最具潜力的创意，如采用空气刀技术、高速气流设计、减弱噪声等。

实施计划：制定实施计划，包括技术开发、原型测试、用户反馈等步骤，确保创意能够转化为实际产品。

### （7）设计和开发

原型设计：开发戴森 Airblade™ 9kJ 的原型，重点关注空气刀技术的设计、气流控制系统的优化以及用户交互界面的改进。

用户测试：进行用户测试，收集反馈，进一步优化设计，提高产品的实际使用效果和用户体验。

### （8）设计亮点

空气刀技术：戴森 Airblade™ 9kJ 采用了改进的空气刀技术，可以在约 10 秒内利用高速气流吹干手部，显著提高干燥效率。

无接触设计：该设计避免了手部直接接触干手器表面，降低了交叉污染的风险，提高了卫生性。

节能环保：采用高效的气流技术，减少了纸巾的使用，降低了纸巾浪费和环境影响。

噪声控制：该设计减弱了干手器的噪声，使设备在工作时更加安静，提高了用户的使用舒适度。

戴森 Airblade™ 9kJ 干手器的设计充分运用了头脑风暴法，通过广泛的创意生成、深入的思维分析和不断的优化迭代，推出了一款高效、卫生且节能的干手器产品。头脑风暴法在这个过程中帮助设计团队突破了传统干手器的设计局限，推动了技术的创新和发展。

## 3.1.5 情境导引法

情境导引法是一种以用户体验为中心的设计手法，通过对人、物、活动和环境等因素进行情境设定，创建一个连贯的场景故事板，以深入探讨和分析人、产品和环境之间的互动关系。这种方法旨在引导设计师融入产品实际使用的情境，从而观察并挖掘使用者在特定场景下的需求和潜在的设计契机。

在智能产品概念设计过程中，情境导引法是一种以用户体验为中心的设计手法，其详细流程包括多个关键步骤，以确保最终产品能够精准满足用户需求并打动用户。

① 情境设定阶段：设计师需要创建一个具体的场景故事板，详细描述用户在实际使用智能产品时的环境，包括时间、地点、活动和情境。例如，在设计一款智能家居产品时，可以设定一个早晨的家庭场景，描绘用户刚刚醒来后的日常活动，如关闭闹钟、准备早餐、查看天气等。同时，设计师需要确定场景中的用户角色，详细描述他们的背景、需求和目标。以一个繁忙的职业人士为例，描述他的生活方式和早晨的时间紧张感，这位用户可能希望在最短时间内完成晨间准备，出门前快速了解天气和交通情况。

② 情境分析阶段：设计师需要分析用户在使用产品时的人、产品和环境之间的互动关系。重点关注用户如何与产品交互，产品如何适应其所处环境，以及这些互动如何满足用户的实际需求。例如，分析用户如何通过智能家居系统控制家庭设备，产品如何适应早晨的光线和温度变化，以及这些互动如何提升用户的便利性和舒适感。同时，通过观察用户在特定情境下的行为，挖掘他们未被满足的需求和潜在的痛点。例如，用户可能在早晨急于离家时需要一个能快速提供天气预报、交通信息和家居状态的智能设备，以减少等待和操作时间。

③ 识别设计契机阶段：设计师需要识别出影响用户体验的关键问题，如智能设备的响应速度、操作复杂性、与家居环境的兼容性等。例如，用户可能觉得当前设备的操作界面繁琐，或者设备对环境变化的响应不够灵敏。基于识别的问题和需求，设计师应探讨设计的创新机会，如开发一种能够通过语音命令和手势控制快速设置家居环境的智能设备，以帮助用户节省时间并提高效率。可以考虑集成多种功能，如智能家居控制、个性化推荐和实时反馈，来满足用户的综合需求。

④ 设计方向探索阶段：设计师需要将挖掘出的需求和设计契机转化为具体的产品构想和设计方向。例如，设计一种智能家居控制面板，该面板可以通过语音识别和手势操作来控制家中的各种设备，并提供实时状态反馈，以帮助用户在早晨快速完成所有需要的操作，提升生活效率。同时，设计师应关注产品的情感设计，确保产品能够打动用户。设计应考虑用户的情感需求，如产品的外观设计、操作体验和反馈是否能带给用户愉悦和满足感。例如，界面设计应简洁友好，操作反馈应清晰明确，以提升用户的满意度和使用体验。

⑤ 验证与迭代阶段：设计师需将设计方案应用于实际使用场景中，获取用户的反馈和意见。这可以通过原型测试、用户访谈和调查问卷等方式进行，收集用

户对产品功能、操作体验和整体设计的评价。基于用户反馈和实际使用情况，设计师需要进行产品设计的迭代改进。根据用户的实际体验，调整产品设计以解决识别出的问题，优化功能和用户界面，确保最终产品能够更好地满足用户的真实需求和情感需求。这一过程可能涉及多个迭代阶段，以不断完善产品设计。

情境导引法通过创建和分析真实使用场景，帮助设计师深入理解用户在特定环境下的需求和行为，从而发现潜在的设计机会和创新点。这种方法使设计过程更加以用户为中心，确保最终设计的智能产品不仅符合用户的实际需求，还能够在情感上打动用户，提升产品的整体体验和满意度。

## 案例分析：飞利浦 Hue 智能照明系统

飞利浦 Hue（图3-22）是一款智能照明系统，允许用户通过手机 App 控制家中的灯光，调节颜色和亮度，并创建个性化的照明场景。以下是如何运用情境导引法进行该产品的概念设计的详细步骤。

### （1）情境设定

创建场景：设定一个现代家庭的日常场景，例如当家人一起观看电视时（图3-23），将灯光与电视节目、电影、游戏或音乐同步。让灯光随之闪烁、舞动、变暗、变亮和变换色彩，体验沉浸式视听。

人物设定：用户角色为一个年轻的家庭主妇，她希望在晚餐时间营造一个舒适而又充满活力的用餐环境。用户对智能技术感兴趣，希望通过简便的方式提升家庭生活的质量，并且对照明的灵活性有较高需求。

图3-22　飞利浦 Hue 智能照明桥接器

图3-23　飞利浦 Hue 智能照明系统——营造气氛

## （2）情境分析

人—产品—环境互动：分析用户在使用飞利浦 Hue 时的互动。例如，用户可以通过手机 App 调节灯光的颜色和亮度，设置不同的照明场景。产品需要在不同的家居环境中灵活适应，包括不同的房间布局和光源需求。

用户需求挖掘：观察用户在晚餐时间的需求，发现她希望能够轻松地改变灯光以匹配不同的活动情境。她希望在某些时刻将灯光调节为温暖的色调来增添亲密感，而在其他时刻需要明亮的光线来提高专注力。

## （3）设计契机识别

识别关键问题：影响用户体验的关键问题包括用户如何方便地调节灯光？产品如何能够快速响应并提供预设的照明场景？产品是否能无缝集成到现有的家居环境中？

创新机会：基于识别出的问题，设计师发现了创新机会，例如开发一个易于使用的手机 App，使用户能够创建和保存个性化的照明场景，甚至设定自动化的时间表。此外，可以设计一个直观的控制界面，让用户能够迅速调整灯光设置，而无需复杂的操作。

## （4）设计方向探索

构想与设计：将挖掘出的需求和设计契机转化为具体的产品构想。飞利浦 Hue 智能照明系统的设计包括可调节的 LED 灯泡，能够通过手机 App 控制灯光的颜色和亮度。用户可以创建不同的照明场景，如晚餐模式、阅读模式等，并通过语音助手进行控制。此外，系统支持与其他智能家居设备的集成，提供更为全面的家庭自动化体验。

情感因素：设计师关注产品的情感设计，使其能够提升用户的生活质量。例如，灯光的调节不仅能够满足功能需求，还能营造出温馨、舒适的家庭氛围，让用户在使用过程中感受到愉悦和放松。

## （5）验证与迭代

用户反馈：将飞利浦 Hue 的原型产品投入实际使用中，收集用户对灯光控制、场景设置和应用操作的反馈。用户可以提供意见，如对照明效果的满意度、应用的易用性以及与其他智能设备的兼容性。

迭代改进：基于用户反馈，设计团队会对产品进行迭代改进。例如，优化手机 App 的用户界面，提高灯光控制的响应速度，增加更多的预设场景选项。通过不断迭代，确保最终产品能够更好地满足用户的需求，并提供卓越的用户体验。

通过上述流程，飞利浦 Hue 智能照明系统成功地将用户需求和创新设计相结合，提供了一种灵活而高效的照明解决方案，提升了用户的家庭生活质量和使用体验。

# 3.2　智能产品概念设计的设计流程

　　智能产品概念设计的流程可以分为三个主要阶段：设计前期、设计过程和设计展示。每个阶段都有其独特的活动和目标，以确保产品设计的全面性和有效性（图3-24）。

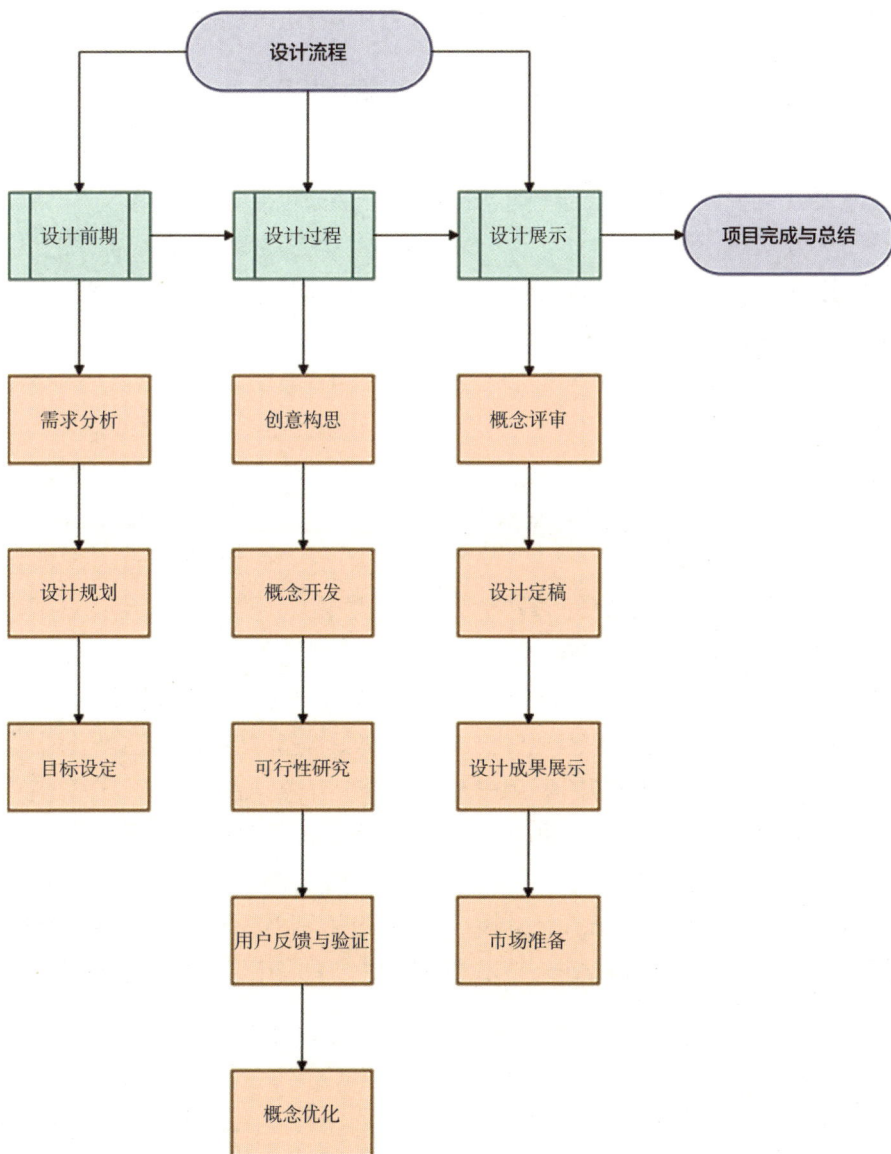

图3-24　智能产品概念设计流程

## （1）设计前期

① 目标：定义设计项目的基本框架，确保设计目标明确，需求充分理解。

② 需求分析：通过市场调研、用户访谈和竞争分析，明确产品的功能需求、目标用户群和市场定位。这一步骤包括收集用户反馈、分析市场趋势和研究竞争产品。

③ 设计规划：制定设计项目计划，包括时间表、资源分配和预算。这些可帮助设计团队明确各阶段的任务。

④ 目标设定：确定设计的核心目标和指标，包括用户需求、技术要求和商业目标，为后续的设计工作提供明确的方向。

## （2）设计过程

① 目标：从创意构思到详细设计，逐步开发和完善产品概念。

② 创意构思：通过头脑风暴、草图绘制和概念生成，探索多个设计方向。制定初步的设计概念，并选择具有潜力的方案。

③ 概念开发：将选定的概念详细化，制作低保真原型并进行初步的功能和用户体验测试。这一步包括工业设计、用户界面设计和交互设计等。

④ 可行性研究：评估概念设计的技术可行性、成本和生产可行性，进行技术验证，分析实施的挑战和资源需求。

⑤ 用户反馈与验证：通过用户测试收集反馈，验证设计的有效性，进行多轮测试和迭代，确保设计符合用户需求。

⑥ 概念优化：根据用户反馈和测试结果，对设计进行优化，制作高保真原型，并进行进一步的设计完善和调整。

## （3）设计展示

① 目标：展示和沟通设计方案，准备进入生产和市场推广阶段。

② 概念评审：对最终优化的设计方案进行评审，包括内部设计团队评审和外部专家评审，确保设计方案的各方面都达到预期目标。

③ 设计定稿：确定最终的设计方案，完成详细的设计规格和文档，这包括技术规格、生产工艺、材料选择等。

④ 设计成果展示：制作演示材料，如设计报告、原型展示和演示视频等，展示最终设计成果。

⑤ 市场准备：为产品的生产和市场推广做好准备，包括制定生产计划、准备市场推广策略、制定上市计划等。

通过以上三个阶段的系统流程，可以确保智能产品概念设计的各个方面都经过充分的考虑和验证，最终实现一个满足用户需求、具备市场竞争力的产品设计。

# 小　结：

通过本章的学习，同学们将对智能产品概念设计创新思维方法和设计流程有更深入的了解。第一小节的内容相对晦涩，但它揭示了概念设计思维的核心，为理解智能产品设计的思维方法和设计流程奠定了基础。如果没有对这些基础内容的学习和思考，概念设计可能只能停留在表面层次。产品概念设计的思维方法，无论是在模拟设计练习还是实际设计案例中，都是激发思想火花的重要工具。在智能产品概念设计中，利用大数据时代的市场和用户数据进行调研和分析，是确保创意设计成功的关键步骤。掌握本章介绍的设计思维方法与流程，同学们将能够养成勤于思考的习惯，并迅速进入创意设计状态，从而为智能产品概念设计奠定坚实的基础。

## 思考与习题：

① 以 4～6 人为一个小组，针对一款虚拟的智能概念产品方案进行头脑风暴，并设计一份调查问卷。

② 针对智能产品概念设计创新思维方法，每种方法找两个与之匹配的产品案例，并对其进行分析。

# Chapter

# 4

## 第4章 智能产品的设计原则和概念设计构思方向

**本章学习重点：**

① 了解智能产品设计时需要考虑的基本原则，如安全性原则、智能化原则、易用性原则等；

② 通过学习概念设计构思方向，引导学习者进行智能产品概念设计，包括从创意发散到具体概念选择的过程，通过案例分析和实践来加深理解，帮助学习者理解设计原则和概念构思的实际应用。

# 4.1 安全性原则

在智能产品的概念设计中，安全性是首要原则，贯穿产品设计、生产、储存、销售、使用和回收的各个阶段。产品的安全性通常指产品的可靠性，包括使用过程的耐久性、出现问题后的可维修性以及设计的可靠性。

## 4.1.1 产品使用过程安全性原则

从"人-机-环境"角度出发，使用安全性可分为三个层次：

① 避免用户伤害：产品设计必须确保不会导致用户患职业病，造成人身伤害或死亡。如座椅的设计需考虑人体工程学，合适的设计可以减少久坐对用户的伤害。赫尔曼·米勒（Herman Miller）设计的Aeron座椅是人体工程学设计的经典之作（图4-1）。他在设计时充分考虑了用户的舒适度和健康需求。Aeron座椅的三种尺寸都经过了精密设计，适合多种人体体型。大多数的人体工程学座椅可以容纳5%~95%体型类型的用户，但Aeron座椅的靠背高度、座椅宽度、倾仰机制，乃至底座尺寸的每个细节都进行了调整，适合1%~99%体型类型的用户，几乎适合所有人。同时，座椅采用了符合人体曲线的背部支撑，高度可调节，确保用户在长时间坐着时能够保持正确的坐姿，减少腰椎和颈椎的压力。

同理，智能产品设计必须充分考虑用户的安全，以避免因设计缺陷造成危害。2016年，一起自动驾驶事故中，一辆汽车在开启自动驾驶模式后发生了致命事故，导致驾驶员死亡。事故原因是自动驾驶系统未能识别前方的障碍物。这一事件引发了对自动驾驶技术安全性的广泛讨论，并促使品牌方对其自动驾驶系统进行改进，增加了更多的安全警示和手动接管功能。

② 产品耐久性：用户在操作产品过程中，产品应具备高耐用性，不易损坏。智能产品如果容易损坏，会让用户产生极大的挫折感。因此，设计需注重产品的物理耐用性和使用寿命，确保产品在日常使用中表现出色且持久。

③ 环境安全性：产品在生产、销售、使用和回收的过程中，不应对环境造成危害。当前和未来对绿色设计和环保设计的

图4-1 Aeron座椅

要求越来越高，产品材料的环保性也愈发重要。同样以Aeron座椅为例，它在可持续性和创新方面的优良传统自30年前首次推出以来便一直延续至今，Aeron座椅由超过50%的回收材料组成，包括海洋塑料。

## 4.1.2　产品设计过程安全性原则

① 生理安全：在设计过程中，生理安全是指基于人体生理构造、特征和尺寸的数据，将产品的尺寸、比例、造型、结构和色彩与之匹配，创造出人性化的产品。对于智能产品，生理安全方面首先要考虑的因素是人体工程学，确保智能设备的形状、大小和重量适合用户长期使用。例如，智能手环的设计应考虑佩戴的舒适性，避免长时间佩戴引起的皮肤不适；操作便捷性也是重要因素，设计直观且易于操作的用户界面可以减少用户的学习成本和误操作风险。以智能家居设备的控制界面为例，设计应简单明了，确保各年龄段用户都能轻松使用。

② 心理安全：指产品带给用户的安全感，是一种超越物质的精神需求。在智能产品设计过程中，心理安全涉及多个方面。首先，通过产品的材质、造型和色彩设计，给用户带来愉悦的视觉、触觉和听觉体验。智能家居设备的设计应采用柔和的色调和质感良好的材料，以提升用户的使用体验。其次，智能产品的App界面设计和交互设计应注重用户的心理安全感，通过界面可视化的愉悦感和操作过程的流畅感来实现。智能手机App的界面应采用简洁明了的设计，确保用户能够快速找到所需功能并流畅操作。需要特别注意的是，在针对老弱病残孕等特殊人群的产品设计中，需要对不同人群的生理和心理安全进行分类研究，以完善智能产品的设计。适合老年人的智能产品既要满足他们的生理需求，又要满足他们平等参与社会的愿望和主观幸福感，有助于保护老年人的独立性和自尊心。如Apple Watch智能手表（图4-2），在实际应用中，这款智能手表的大字体和高对比度显示屏使得用户在日常生活中更容易读取信息，特别是在户外阳光强烈的情况下，屏幕依然能够清晰显示时间和通知；心率监测功能帮助用户实时了解健康状况，当心率异常时，Apple Watch会发出警报，提醒

图4-2　Apple Watch智能手表

用户休息或就医；跌倒检测功能也是一个关键的安全保障，使用者意外跌倒后，Apple Watch 自动检测到跌倒并发送求救信号给预设的紧急联系人，使用户能够及时获得帮助、及时就医，避免更严重的后果。Apple Watch 展示了如何通过智能设计来提升老年用户的安全感和生活质量。

对于残障人士，智能产品设计应考虑到他们的特殊需求，智能家居设备应支持语音控制，以便行动不便的用户能够方便地操作设备。通过这些方面的设计，智能产品能够在功能强大的同时，提供卓越的用户体验和心理安全感。

智能产品设计中的安全性原则贯穿产品生命周期的各个阶段，确保产品在设计、生产、使用和回收过程中不对用户和环境造成危害。通过注重生理和心理安全，智能产品不仅能够提供卓越的用户体验，还能满足不同用户群体的特殊需求，确保产品在市场中具有竞争力。设计团队需不断进行需求调研、用户测试和迭代优化，以实现智能产品具有较高的安全性和用户满意度。

# 4.2　智能化原则

智能化是智能产品设计中的关键技术层面，形式多样且应用广泛。现代智能产品的智能化不仅体现在终端用户的应用层面，还包括后台技术和数据处理。例如，智能音箱、智能摄像头、智能网关、智能安防系统和智能环境控制设备等，通过集成多种传感器和智能技术，实现了智能化操作。这些产品通常依赖于配套的 App 应用，提供便捷的用户交互体验。

例如，智能门铃 Ring Video Doorbell 是亚马逊旗下的一款智能门铃（图4-3），设计时充分考虑了用户的安全和使用的便利性。该智能门铃采用了高清摄像头和双向音频功能，用户可以通过手机查看门前情况并与访客对话。其核心在于集成了多种传感器和智能技术，能够检测到门前的活动并发送实时通知，提升了安全性和便利性。该公司还推出了智能家居安全系统，利用机器学习和图像识别技术，能够识别异常活动并发出警报，进一步保障家庭安全。

再如飞利浦的 Hue 智能照明系统，该系统通过集成多种传感器和智能技术，

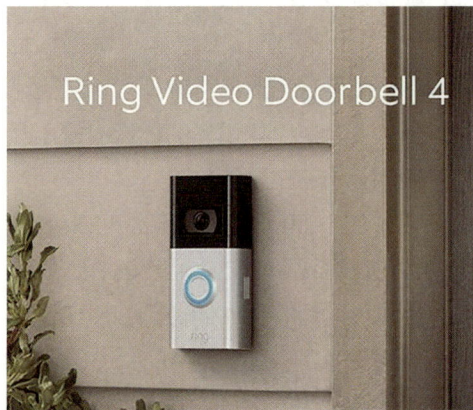

图4-3　Ring Video Doorbell 智能门铃

实现了对家庭照明的智能化控制，用户可以通过配套的 App 应用界面，远程控制照明系统的开关、亮度和颜色，甚至可以根据日常作息自动调整照明设置，提升了用户的生活质量和舒适度。这些智能设备不仅提升了用户的安全性和舒适度，也展示了智能产品如何利用先进技术提供更为智能的服务。

产品的智能化不仅限于提升用户体验，还包括系统的认知能力和决策能力。现代智能应用具备记忆、思维、学习和适应能力，并通过不断的自我学习和更新，提供更为精准的服务。例如，医疗健康类智能产品通过手环、腕表、贴片、电子秤、血压仪、血糖仪等硬件设备，监测用户的运动步数、心率、睡眠质量、体重、体脂等健康指标。这些产品的发展虽然受限于传感器、芯片、算法技术及国家政策环境，但整体仍在努力探索和完善。

如今，智能产品的设计不再仅关注外观和结构，而是更加注重用户体验。用户在操作智能产品的复杂系统时，更追求简便和智能的使用体验。设计过程需要将复杂的科技转化为直观易用的产品体验。智能产品通过智能技术、应用、信息界面和服务系统，为用户提供动态的、迭代性的服务。通过人工智能的自我学习，能够帮助用户做出更为准确的判断，实现智能化的核心功能。

# 4.3　易用性原则

在智能产品概念设计中，易用性设计原则至关重要。它不仅影响用户的初次体验，还决定了用户是否会长期使用该产品。智能产品概念设计的易用性可以从两个方面理解，一是产品设计的易用性；二是智能产品 App 的易用性。

## 4.3.1　智能产品设计的易用性

以人为本的智能产品设计理念强调设计师在设计过程中应充分考虑产品的易用性，确保产品易学、易用，避免错误操作。易用性指的是产品能被用户轻松、有效地使用的特性，即产品是否好用或有多么好用。随着科技的进步，智能产品的功能日益丰富，从而提高了操作的复杂性，因此良好的易用性设计变得尤为重要。

易用性涵盖以下几个方面：

① 易见性，智能产品的功能应当显而易见，不能隐藏过深，否则用户难以发现和使用；

② 易学性，智能产品学习起来应当简单，使用户能够快速掌握基本操作；

③ 易操作，用户在熟练操作后，能够更加高效地使用产品。

在讨论智能产品设计时，常常会混淆有用性和易用性。有用性由产品的规划师负责保证，它指的是智能产品能否有效解决实际问题。例如，一台智能设备操作简单但无法解决实际问题，属于有用性方面的失败。易用性则由易用性工程师负责，确保用户能够理解并正确使用智能产品的功能。例如，一台智能设备功能强大，但用户不知道如何操作，属于易用性方面的失败。明确区分有用性和易用性有助于在分析问题时更有针对性，避免将所有问题归结于易用性。

确保智能产品具有易用性需要遵循以下几个基本原则：①易见性，用户应能轻松看到和理解智能产品的功能和状态；②映射，操作界面和功能应直观对应，用户能自然理解如何操作；③反馈，用户操作后应能立即得到明确的反馈，确认操作是否成功。

智能产品设计的最终目标是为人服务，而不是让人适应产品。过于复杂的操作流程会严重影响生活质量，违背产品为人服务的本质。因此，设计师应在设计过程中始终坚持以人为本的理念，平衡功能丰富性与用户友好性，确保智能产品既有实用价值，又具备良好的易用性。

## 4.3.2　智能产品App的易用性

智能产品App的易用性是指系统或服务的上手难度和便捷程度。优秀的易用性设计方案可以降低学习成本和操作难度，让用户更容易地理解产品功能，进而便捷地体验产品服务。

智能产品App的易用性，一般包含两个层次：表达层和行为层。

### （1）表达层

① 视觉上看起来是可用的：在智能产品设计中，视觉上看起来是可用的非常重要。当我们使用智能产品的应用程序时，按钮或图标的视觉设计传达了它们的可用性。例如，如果页面中的按钮是灰色的，用户会认为该功能不可访问，因为灰色通常传达一种不可点击的心理暗示。只有在某些条件不满足导致功能不可用时，才会将其功能入口设计为灰色状态。这种设计原则在智能产品中尤为重要，因为它能有效减少用户的困惑，提高操作效率和用户体验。

② 减少负荷：减少用户负荷是提升用户体验的重要策略。负荷指的是用户在完成某个任务或执行某个交互行为时，大脑需要处理的信息总量。理论上，面临的选择越多，做出决定所需的时间就越长，认知负荷也越大。根据《简约至上》一书，可以通过删除、分层、隐藏和转移四种策略来减少认知负荷。例如，在智能家居应用中，通过删除不常用的设置选项，只保留关键功能，降低用户的阅读负荷；在智能手表界面，通过分层设计，将健康数据、通知和应用程序分别展示，提高用户的认知效率；在智能音箱的控制界面

上，通过隐藏低频内容，强化高频内容，使常用的音量调节和播放控制显而易见，而高级设置隐藏在次级菜单中；在智能语音助手中，通过分步策略，将复杂任务拆分成多个步骤来完成，使每一步都容易理解和操作，从而引导用户设置新设备。通过这些策略，智能产品设计可以显著降低用户的认知负荷，使用户能够更轻松地理解和操作产品，从而提升整体用户体验。

③ 区分占比权重：当用户面对大量选项和页面内容时，区分主要和次要元素的视觉权重是至关重要的。通过设计上的归类和视觉层级划分，可以有效提升用户决策的效率。主要功能或信息应当通过突出的视觉设计，如较大的按钮、显眼的颜色或较高的位置来吸引用户的注意，而次要功能则应通过较低的视觉权重进行展示，例如使用较小的图标或柔和的颜色。这样，用户能够迅速识别和聚焦于关键操作，提高整体使用体验。

④ 贴合用户使用场景：用户的不同需求和使用场景会直接影响信息表达的准确性。如果目标用户包括年长者或视力障碍者，设计时应考虑使用大号字体来提升可读性；针对不同使用场景进行设计，如户外使用时的强光环境，设计师需要选择高对比度的色彩方案，以确保信息的清晰可见。

例如，亚马逊的 Kindle 电子书阅读器的设计（图4-4），是一款广受欢迎的智能设备，旨在为用户提供便捷的阅读体验。其设计考虑了不同用户群体的需求，包括年长者和视力障碍者，以及在各种使用场景下的可读性。Kindle 提供多种字体大小选择，用户可以根据自己的视力情况调整字体大小，提升可读性，这对于年长者和视力障碍者尤为重要；为了在户外强光环境下也能清晰阅读，Kindle 采用了电子墨水屏技术，具有高对比度和防眩光特性，使文字在阳光下依然清晰可见；Kindle 还提供夜间模式，使用柔和的背景光和高对比度文字，减少夜间阅读时对眼睛的刺激；用户可以根据自己的阅读习惯和偏好，定制阅读界面，包括字体类型、行间距和边距等设置，提升整体阅读体验。

图4-4　Kindle 电子书阅读器

通过这些设计策略，Kindle 成功地贴合了用户的具体需求和使用场景，提供了精准和有效的用户体验。用户可以在各种环境下轻松阅读，享受个性化的阅读体验，显著提升了产品的易用性和用户满意度。

**（2）行为层**

① 选择代替输入：输入操作通常具有较高的交互成本。通过采用选择代替输入的方式，可以显著降低用户的交互成

本，提高录入效率。在表单设计中，对于可以预定义的选项，优先使用下拉菜单、选择框或切换按钮，而不是要求用户手动输入，这样的设计不仅能减少用户输入错误的可能性，还能加快数据录入速度，从而提升整体使用体验。

② 减少重复过程：减少重复操作可以提升用户体验。用户通常不喜欢进行重复的操作，因此，设计师应尽可能减少不必要的重复行为。初次使用某一功能时，用户需要填写的信息通常最多，为了提高产品的易用性，设计师可以根据用户的历史行为数据，自动填充已知信息或简化后续操作。这种设计不仅能减轻用户的输入负担，还能提升产品的整体效率和便捷性。

③ 降低沉没成本：用户在做出决策时，不仅会考虑当前行为的利益，还会考虑之前投入的成本。为了减轻用户的心理负担，在进行编辑操作时，设计应允许用户随时退出并保存已编辑的内容。这样，用户不会因为担心丧失已完成的工作而犹豫或中断操作，从而降低沉没成本，提升产品的易用性和用户满意度。

④ 行为一致性：是提升用户体验的关键原则。许多交互操作在本质上是相似的，因此不需要为这些相同的操作设计不同的逻辑或方案，当用户对某种操作已有一定的预期时，他们会期望产品按照这一预期的方式进行响应（图4-5）。因此，保持一致的交互行为可以增强用户的易用感受，使用户能够更加自然和高效地与产品进行互动。

⑤ 基于行为的智能化引导（千人千面）：是一种通过算法提升易用性的策略。借助大数据和人工智能技术，产品能够主动满足用户的个性化需求。系统会根据用户的行为模式提供定制化的引导，这种精准的引导不仅能显著提升产品的易用性，还能有效提高用户转化率（图4-6）。通过个性化的推荐和操作建议，产品能够更好地适应用户的独特需求，提高整体用户体验。

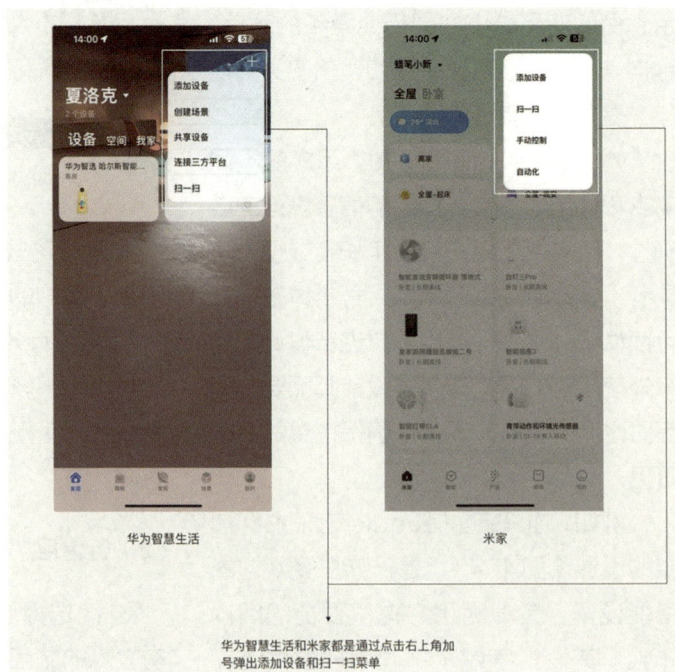

华为智慧生活和米家都是通过点击右上角加号弹出添加设备和扫一扫菜单

图4-5 华为智慧生活App和米家App

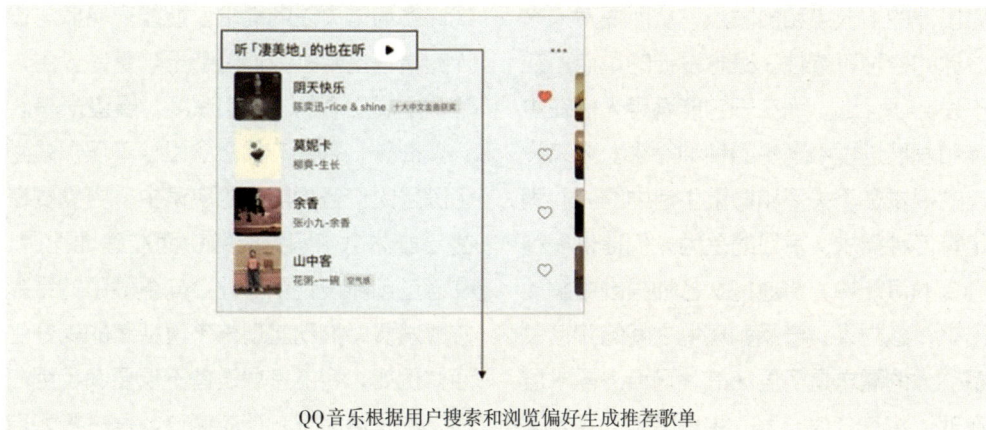

QQ音乐根据用户搜索和浏览偏好生成推荐歌单

图4-6　QQ音乐App界面

# 4.4　智能产品概念设计构思方向

智能产品概念设计是一个多层次、多维度的过程，旨在通过科技创新和用户需求的结合，创造出更智能、更便捷的产品。今天，智能产品概念设计之所以受到越来越多的关注和重视，最重要的价值在于其所蕴含的未来设计方向：人本、环保、智能化。未来的概念不是通过天马行空、奇思妙想就可以造就的，它不能脱离对人类未来生存环境、社会环境、文化发展以及生活方式和科技发展等的理性预测。

在我们的日常学习中，概念设计该如何着手、如何构思呢？在近几年的概念设计教学中，笔者常遇到这样的困惑：学生对于概念的构思总是显得极其飘忽，思维非常活跃，但他们口中所描述的创意点子往往经不起推敲，缺乏坚实的立足点。尽管思想活跃，但展现出来的却总是一些让人哭笑不得、近乎荒诞的想法。是什么原因导致了这一现象的频繁发生呢？经过多年的教学研究笔者发现，最主要的原因在于学生生活经验不足以及对生活的观察不够。

智能产品概念设计的最终目的是切实解决生活中的问题，创造有别于现在的更美好的未来生活。推动概念设计发展的因素主要有两个方面：需求牵引和技术推进。所有的构思和设计都是为了满足需求，而技术则可以使概念设计以最新的面貌呈现给人们。因此，在构思概念设计时，我们可以从需求入手挖掘思路，并应用最新技术来实现未来的产品形态。需求是根本，而技术则是实现这一目标的辅助手段。

构思智能产品概念设计时，应从设计的主体——"人"入手，以人的需求作为设计的切入点和出发点，从而探索未来设计的各种可能性。概念设计的重点不在于设计了什么，而在于它能满足人们在生存和发展过程中产生的种种需求。未来设计的根本在于关怀和尊重生活中的人，满足其各种需求。其目的是为人们提供多种选择的可能性，将他们从各种限制中解放出来，建立人、产品和环境之间的和谐关系。人的需求是多层次的，马斯洛需求层次理论将其分为五层：生理需求、安全需求、社交需求、尊重需求以及自我实现需求。这些需求像阶梯一样，从较低层次到较高层次排列。一般情况下，当某一层次的需求得到相对满足时，人们会追求更高层次的需求，而追求更高层次的需求则成为驱使行为的动力。在概念设计的构思过程中，我们需要在马斯洛需求层次理论的五个层面上，为未来人们的需求提供满足的可能性。

首先，智能产品概念设计应优先满足人们的物质需求，创造便捷且对未来生活更有益的智能产品，以及由此带来的新生活方式，为未来生活提供便利和多种选择。其次，智能产品设计需要通过创新来满足人们不断涌现的精神需求。随着社会现代化和智能化程度的不断提高，竞争和生存压力剧增，人们的精神生活必然会出现许多值得关注的需求。智能产品概念设计的责任是带领人们创造更丰富的人生体验，拓展生活的广度和深度，展望未来。

此外，智能产品概念设计不仅仅是为了满足人们各种需求的应声虫，更需要在社会群体需求萌芽时敏锐而准确地把握，并通过创新设计引导社会向更健康的生存方式发展，推动实现未来可持续的美好生活。例如，智能家居设备不仅要满足用户的基本生活需求，还应通过数据分析和自适应技术优化用户体验，提升生活质量。智能健康设备不仅要监测身体状态，还应通过人工智能和大数据提供个性化健康建议，帮助用户实现自我管理。总之，智能产品概念设计应以用户需求为核心，结合技术创新，引领未来生活方式的发展。

因此，我们可以从物质和精神两大方面入手进行智能产品概念设计的构思。

① 满足人们的物质需求，创造更智能便捷的产品使用体验。智能产品设计应通过集成先进的技术，提升产品的便捷性和实用性，为用户提供高效、智能化的解决方案。

② 满足人们的精神需求，创造智能化的产品情感体验。智能产品设计应关注用户的情感需求，通过人性化设计和情感计算技术，提升用户的情感体验。

## 4.4.1　创造更智能便捷的产品使用体验

为了创造更智能便捷的产品使用体验以及美好的未来生活方式，我们应从现代社会人们的核心需求出发，即用户对产品使用体验的要求。可以从以下几个方向来探索智能产品的概念设计：智能控制产品的创新、健康管理类智能产品的创新、提升生活便捷性的智能产品开发以及关注弱势群体的智能产品设计。探索这些方向的智能产品概念设计将有助于更好地满足用户需求，提升整体生活质量。

### 4.4.1.1 智能控制产品的创新

"智能"这个词语如今几乎成为每个人谈论的话题。大多数人首先会想到智能机器人以及它们可能参与的各种未来生活场景。确实，机器人技术不仅能够大幅提升工业生产的自动化水平，还能极大地便利人类生活。智能机器人在灾难搜救、军事侦察甚至太空探险等领域表现出色，是科技服务于人类生活的真实体现。

近年来，中国智能机器人技术发展迅速，已跻身全球领先行列，广泛应用于制造业、服务业、医疗健康、农业等多个领域。以制造业为例，智能机器人在汽车装配、电子制造及物流分拣等生产环节中发挥着关键作用，显著提升了产业自动化与精细化水平。在服务领域，迎宾机器人、配送机器人、康养辅助机器人等逐渐普及，为人民生活带来便利。根据中国电子学会发布的《中国机器人产业发展报告》，截至2023年，我国工业机器人年产量已超过50万台，稳居全球第一。以珠三角、长三角为代表的制造业高地，工业机器人密度持续上升，部分先进制造企业中机器人与员工比例已超过1∶10，接近国际先进水平。与此同时，中国提出"机器人＋"应用行动计划，提出到2025年，全国工业机器人保有量突破200万台，推动传统产业向智能化、绿色化方向转型升级。这一发展趋势不仅体现了我国智能制造水平

的跃升，也反映出科技创新对国家高质量发展的强劲驱动作用。

智能控制的产品创造指的是通过集成先进的控制技术、传感技术和数据处理技术，设计和开发能够自主感知、分析和决策的产品，从而提供更高效、便捷和个性化的用户体验。智能控制产品广泛应用于各个领域，如家居、健康、交通、工业等。

智能控制这一概念自1971年提出以来，经过数十年的发展，已在技术和应用上取得了显著进展。智能控制系统具备感知与感知处理能力，通过各种传感器实时感知环境和系统状态的数据，并经过处理、滤波和数据融合，获取准确、可靠的信息。它们具有自适应性与学习能力，能够根据环境变化和系统演化实时调整控制策略，通过学习算法和反馈机制，从实际运行中获取经验并优化控制性能。智能控制系统依赖于物理模型、数学模型或数据驱动模型来预测和优化系统行为，通过模型进行预测、仿真和优化，以指导决策。基于系统模型和实时数据，智能控制系统能够进行智能决策和规划，优化控制策略，以实现最佳性能。此外，智能控制系统常使用强化学习和优化算法，通过试错过程自主学习，不断改进控制策略。它们能够融合来自不同传感器和数据源的信

息，获得更准确和全面的系统状态，从而提高决策的准确性和可靠性。智能控制系统在实时性和反应能力方面表现出色，能够快速处理大量数据，并在瞬息万变的环境中做出及时的控制动作。它们在工业自动化、交通运输、医疗设备、能源管理等领域都有广泛应用，展示了强大的适应性和灵活性。智能控制系统还具备故障检测和容错能力，通过监控系统状态和性能指标，检测异常情况并采取措施，确保系统的安全和稳定运行。最终，通过从实际运行中获取反馈信息，智能控制系统能够持续改进和优化控制策略，适应系统的变化，持续提高性能。

清晨，轻柔的音乐自动响起并逐渐增大音量，以唤醒你；同时，卧室的光线也逐渐调节到适合初醒时眼睛的亮度；系统会根据当天的温度自动为你选择合适的穿衣搭配；几分钟后，电视会自动切换到新闻频道播报当日新闻；走进浴室，站到淋浴喷头下，绵密的热水会自动感应并调节到最舒适的温度，让你彻底放松，洗去一身的疲倦；如厕时，马桶可以实时检测你的身体状况，并在发现异常时立即发出警报。洗漱完毕走出卧室，厨房里已弥漫着新鲜面包、牛奶、咖啡、豆浆、米粥或油条的香味，为你准备了一顿丰盛的早餐。用餐完毕后，走出家门时，你的汽车会根据你的喜好调整到你想要的界面设计。到达学校后，学习变得生动有趣，立体式的教学模式让你仿佛身临其境，自然课和物理课充满了探索的乐趣。夜晚，你可以和家人分享美好的一天，带着快乐进入梦乡。

这样的梦想是否曾在你的脑海中出现？或许，每个人都曾希望生活中的一切都能实现智能化，只需轻触按钮或发出口令，一切就能自动完成。如今，这样的场景正逐渐成为现实，智能家居产品正逐步融入我们的生活。未来，物联网将在我们的日常生活中发挥越来越重要的作用，设备之间可以独立通信，并作为智能助手成为我们生活的一部分。人类对智能家居技术的需求增长正与市场上的产品范围同步扩大。统计和市场研究公司Statista曾预测，2024年全球大约12%的家庭拥有智能家居设备，而到2025年，这一比例预计将增加到21%以上，全球用户总数将达到4.782亿。

如图4-7所示的D-Link DCS-8635LH是一款高性能户外WiFi摄像头，具备2K QHD分辨率和360°全景视角。它支持AI驱动的智能功能，如人体检测、车辆检测和玻璃破碎检测，并拥有IP65防水等级、双频WiFi和以太网连接，能够应对极端天气条件。加上电动摇头功能，确保监控过程中的细节不会遗漏。智能化的功能包括本地AI识别和跟踪，无需将数据上传至云端，从而有效保护用户隐私。此外，摄像头还能够检测到玻璃破碎的声音，一旦发现潜在入侵者，系统会通过智能手机通知房主，并激活内置警报器，以提高安全性。

随着智能控制技术的不断演进，产品在实现自动化操作的基础上，进一步向个性化、精准化和互动化方向发展。其

图 4-7　D-Link DCS-8635LH 摄像头

中，以近场通信（NFC）和射频识别（RFID）为代表的无线识别与传输技术，正成为智能控制产品创新的重要技术支撑。这类技术能够实现无接触、自动化的数据识别与响应控制，不仅提升了产品的功能体验，也为用户与产品之间的智能交互提供了新的可能。

　　在商业零售领域，NFC 和 RFID 技术的集成应用已经逐步改变了传统的营销与消费模式。以智能标签为核心的控制系统正在实现从"静态展示"向"动态交互"的升级。用户通过与产品或广告终端的轻触，即可获取与自身需求高度匹配的内容，从而增强用户参与感，提高品牌传播效率。例如，某天然化妆品品牌（图 4-8）在推出新一季护肤产品系列时，引入了基于 NFC 标签的智能互动广告系统。通过与全球材料科学与识别技术领先企业合作，在产品展示区和宣传画面中嵌入 NFC 标签，实现了用户与产品的实时信息交互。当消费者使用智能手机靠近标签时，系统会自动推送与

图 4-8　Mineral Fusion 的产品展示

该产品相关的成分介绍、使用方法、护肤建议、视频教程等多媒体内容。这种智能控制交互方式，不仅提升了用户的感知体验，也增强了产品的透明度与信任度。

与此同时，该系统还具备数据采集与用户行为追踪功能。品牌方可通过后台分析用户的互动频率、点击路径及内容偏好，从而进行产品优化与个性化营销策略制定。这种融合智能控制与数据反馈的设计思路，体现了智能产品从"被动响应"向"主动感知"的发展方向。

除了NFC智能标签，RFID标签、二维码、AR增强现实标签等都是通用的智能标签。这些技术令标签不仅仅发挥包装的功能，还可实现跟踪库存、防止货品损失、检测食品是否变质、鉴别真伪、提醒患者准时服药，并成为优惠券和打折促销活动的载体，还可与消费者互动做游戏，取悦消费者，实现与消费者对话。

另一个成功的案例是亚马逊的Smile Codes，微笑代码（图4-9），它将包装箱设计成广告。全球知名电商亚马逊已经不是第一次这样做了。2015年，它曾推出"小黄人"主题包装箱，之后还推出了红色Greatest Showman包装盒。在包装箱设计上，亚马逊添加了自创版本的二维码Smile Codes。这些二维码能将包装箱变成一个可点击的广告链接。用户可以通过移动设备扫描二维码，进入产品页面或观看视频（如电影预告片、产品评论等）。二维码的共同点是中心有亚马逊经典的笑脸符号，这有助于推广亚马逊品牌。用户在亚马逊应用中进入搜索栏并点击相机按钮，会看到六个不同选项，最新

图4-9　亚马逊的Smile Codes

添加的就是微笑代码扫描功能。使用该功能即可扫描包装箱上的二维码，消费者只需扫描产品包装上的二维码，就能通过视频、音频、文字和图片等多种方式直观了解产品信息。

在国内，2022 年虎年《故宫日历》（图4-10）利用 AR 技术推出了创新版日历。这款产品不仅具有传统的纸质书本功能，还融入了数字技术。读者不仅可以在阅读纸质书的同时欣赏线上数字日历，还可以扫描书中带有 AR 标识的二维码，体验增强现实技术给文物藏品带来的全新视觉感受。通过 AR 技术，日历中的文物"活"了起来，那些或威武、或卖萌的虎形文物跃然屏幕上。读者还可以滑动屏幕，360° 零距离查看文物的细节。这款日历不仅是一本实用的时间管理工具，更是一个文化载体，让读者可以领略故宫博物院无尽的魅力。通过国潮设计、精美图录和记事本功能，日历展示了故宫博物院丰富的文物藏品及其文化内涵。这种创新的互动方式让文物与现代科技完美融合，为读者带来了全新的阅读体验。

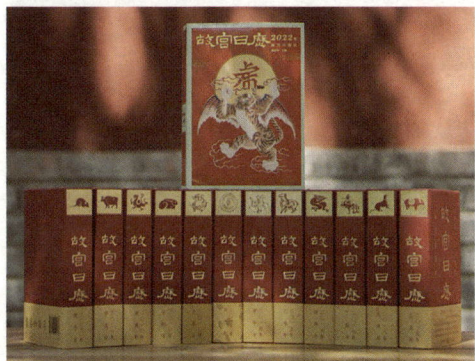

图4-10　2022 年虎年《故宫日历》

随着新一代信息技术的不断发展，智能技术正广泛融入城市建设各个环节，推动城市管理模式由"粗放化"向"精细化"转变。在我国多个城市，智慧城市和智慧交通系统的建设取得显著成效，为智能产品的系统设计与集成应用提供了丰富的现实基础。以深圳市龙岗区新型智慧城区运行管理中心为例（图4-11），该平台整合了城市视频监控、交通调度、应急响应、垃圾分类、环保监测等多项智能感知与控制系统，构建了覆盖城市运行全过程的智慧管理体系。依托物联网、人工智能、大数据等技术，平台可实现对城市交通流量、建筑能耗、公共服务设施运行状态的实时监测与联动控制。例如，当平台识别到某区域交通拥堵加剧时，可自动调配信号灯节奏、引导车辆分流，提升道路通行效率；对于突发事件，如井盖移位、垃圾外溢等问题，系统也能第一时间推送至相关部门进行处置，实现城市管理"秒级响应"。

此外，北京市亦在通州区大力推进智慧交通枢纽建设。通过部署智能摄像头、传感器和无人值守巡逻车，结合 AI 图像识别与数字孪生系统，实现了车流、人流、物流的智能调度与协同控制。该智慧交通系统不仅提升了运行效率，也为城市碳排放监测、绿色出行管理提供了数据支撑。

这些实践案例表明，智能控制系统在城市建设中的应用不仅仅体现在产品层面，更体现为系统性、平台化的集成创新。在智能产品概念设计中，设计者应拓宽视野，理解多系统协同工作机制，注重数据流、控制流与信息流的有效整合，推动设计方案在城市运行中实现真正的落地转化。

在智能医疗方面，2015年的好莱坞科幻电影《蚁人》中，主角通过缩小体积进入人体进行救援的场景如今在智能医疗领域逐渐成为现实。例如，以色列科学家发明了一种直径仅1毫米的"微型潜水艇"机器人，可以注射进病人的血管中并在其中穿行。更神奇的是，这个"微型潜水艇"能够逆着血流方向，在人体的静脉或动脉中移动，从而实现治疗和诊断的目的。除此之外，还有许多值得关注的智能医疗设备。例如，瑞士研究人员开发的微型胶囊机器人，可以进入人体的胃肠道进行医学探查和治疗。这种胶囊机器人的外观类似普通药物胶囊，但具有更多功能。其工作原理是先给微型机器人通电，然后将其送入身体内。机器人会随着胃肠运动在胃肠道中游动，携带微型摄像单元拍摄腔道影像，并通过无线发射模块将影像传送至体外接收装置，供医务人员进行医学图像观察和诊疗。这种技术不仅提高了消化道疾病的诊断和治疗效果，还减少了传统内窥镜检查的痛苦和不适。在微纳米机器人领域，哈尔滨工业大学团队的研究备受关注。他们实现了游动微纳米机器人对脑胶质瘤的主动靶向治疗，为解决药物在病患区域的有效剂量低、毒副作用大的问题提供了新思路；韩国大邱庆北科学技术院与瑞士苏黎世联邦理工学院团队合作开发了一种微型胶囊机器人，可以封装细胞和药物，并将其释放到人体的目标部位。这项技术有望改善药物递送的效率和精确性，为患者提供更有效的治疗。通过这些先进技术，智能医疗正在不断改善患者的

图4-11　深圳市龙岗区新型智慧城区运行管理中心

治疗体验，提高医疗服务的整体水平。

可以说，智能辅助治疗在医疗行业的探索令人期待。原始社会人类的平均寿命仅为14岁，20世纪初全球人口的平均寿命约为47岁，而到了21世纪，平均寿命已超过70岁。随着社会老龄化现象日益严重，社会医疗压力不断增大，迫切需要开展医疗行业的电子革命。各种自动化医疗设备和远程视频装置的设计，可以使人们不必亲赴医院就诊。例如，基于先进技术研发的医疗成像设备、超声设备、心脏除颤器等手持医疗设备及远程视频装置，正在推动医疗科技的进步。在未来的智能医疗中，生物芯片将发挥重要作用。例如，用传统方法分析血液样本需要几个星期，而生物芯片技术仅需一天即可完成。美国的一家科技公司Proteus开发了一种可食用芯片（图4-12），2017年11月13日，美国食品药品监督管理局首次批准了"电子药片方案"的使用。这种方案是在口服药片中添加一个可食用的微型芯片作为传感器。当药片被患者摄入并与胃酸接触时，传感器就会被激活，并传送数字信号到病人身体上的可穿戴贴片。然后，这个贴片将数字信号及实时采集的患者生理信息（例如体温、呼吸、运动、心率、睡眠等达到医用精度的数据）通过无线网络同步到智能手机App。这样一来，患者、家属和医生就获得了前所未有的真实且精确的数据，从而可以及时有效地判断患者是否按时、按剂量服用药物，以及服药期间各项生理指标情况，极大程度上优化患者的个性化治疗方案。这种可食用芯片的临床应用，将大幅提升未来的医疗水平。医生将拥有超级诊断力，为患者提供更高效、更精确的医疗服务。通过这些先进技术，智能医疗正在不断改善患者的治疗体验，提高整体医疗服务水平。

从智能控制产品的发展变化中，我们可以总结出两个重要趋势。

① 智能家居产品的出现与人们生活状态的变化及对家居生活需求的演变密切相关。现代城市生活节奏加快，工作繁忙且压力增大，人们对闲暇时间的重视程度也随之提高。冰箱、洗衣机、微波炉等家电之所以广泛受到欢迎，正是因为它们满足了人们在快节奏生活中的便利需求。从半自动到全自动，从没有预约功能到现在的定时使用，这些产品的功能设计和使用方式的变迁，反映了人们生活需求和状态的变化。未来生活中，快节奏和高压力依然存在，人们需要能够减轻家务负担的

带有传感器的药片　　病人可穿戴贴片　　智能手机App　　医生终端

图4-12　电子药片方案使用流程

产品。智能化控制的产品能够满足这一需求，提供便捷、快速的服务，帮助人们更轻松地掌控生活，节省时间，提高生活质量。

② 在商业、城市建设、医疗等领域，智能产品的出现和应用，往往是为了扩展人类自身的能力。在一些人力无法完成的任务中，智能技术的应用可以减轻劳动强度，辅助人类进行未知领域的研究探索，增强人们在面对疾病、自然灾害等问题时的应对能力和自信心。

因此，在构思未来智能控制产品时，我们可以从设计能够提供自由度、选择性和轻松使用体验的创新产品出发。例如，智能家居领域可以进一步开发更加个性化的家庭助手，智能医疗领域可以研发更精准的诊断工具，而在城市建设中，推广更高效的智能管理系统。这些概念产品不仅要关注技术的前沿，还必须以用户需求为中心，确保产品在使用过程中能够真正提升人们的生活质量和效率。智能产品的设计和功能始终应以人为本，确保技术服务于人，而不是让人们被技术所束缚。

## 4.4.1.2　健康管理类智能产品的创新

健康已成为未来生活的核心主题，越来越多的人开始重视健康管理。毕竟，只有拥有健康的身体，才能充分享受生活并持续投入到工作和学习中。在这一领域，我们可以从三个方面探索未来的智能产品概念设计：家庭医疗、营养与饮食和居家健康管理。

当前，社会老龄化问题日益严重，医疗系统面临巨大的压力，迫切需要医疗技术的革新来缓解这一问题。然而，社会医疗的挑战不仅仅是医院的设备、空间和人员等硬件问题，还包括对老年人及特殊患者的关怀与人性化服务。在这方面，家用医疗产品已经成为一种重要的发展方向。例如，一些智能设备能够通过安装在家中的传感器进行体重、血压、血糖和脉搏等数据的监测和记录。这些数据可以实时上传到医疗机构，使医生能够远程监控患者的健康状况，并在必要时提供治疗或健康建议。此外，未来的家用医疗产品将更加注重网络连接与远程医疗服务。例如，一些智能手表和手环可以监测心率、血氧饱和度等指标，并在出现异常时自动通知医疗人员。这样的设备不仅减轻了医院的硬件负担，还为患者提供了更加便捷的监护服务。以苹果Apple Watch S4为例（图4-13），作为首个获得美国食品药品监督管理局认证具备ECG（心电图）监测功能的智能手表，Apple Watch S4通过表冠上的电极式心率传感器、表体背面的光学心率传感器，与手指、手腕形成电信号回路，记录心脏搏动的数据。然后，通过与之配对的iPhone手机上的"健康"应用程序，可以查看生成的心电图，从而判断佩戴者是否心脏异常跳动。它能够连续监测心脏活动，并在监测到异常时自动发送警报，有效应对心搏骤停等突发事件。类似的技术进步使使慢性病患者的日常生活更加安全和便利。

华为发布的WATCH GT2 Pro ECG款（图4-14）是华为首款获得国家二类医疗器械注册证的产品，具备心电数据采集的功能。在原有房颤和早搏监测的基础上，新增了对室性早搏、房性早搏和窦性心律的筛查功能，准确率超过90%。凭借ECG技术的应用，华为联合中国医疗保健国际交流促进会发起了血管健康研究，并与北京大学人民医院和北京安贞医院等三甲医院合作，首次突破了基于腕部ECG和PPG（光电容积脉搏波描记）技术的动脉硬化风险筛查，为心血管高风险用户提供专业的健康指导，主动进行动

脉硬化的早期干预，实现居家血管健康管理。

医疗的核心仍然是医院和医生，智能可穿戴设备主要用来辅助医生进行治疗，同时帮助医务人员节省时间和精力，提升患者的行动自由度。在心电设备 +AI算法+ 医疗服务的智能化解决方案中，设计师需要考虑如何打造一个适用性强、用户体验出色的服务平台，以此找到最有利的产品设计模式。未来可穿戴心电设备还将具有更多创新和可能性。

随着人们对健康饮食的关注日益增加，饮用水的质量也成为大家关心的问题。早期，人们使用水壶烧水，然后将热水储存在暖水瓶中备用。随着纯净水和矿泉水的流行，饮水机应运而生，为人们提

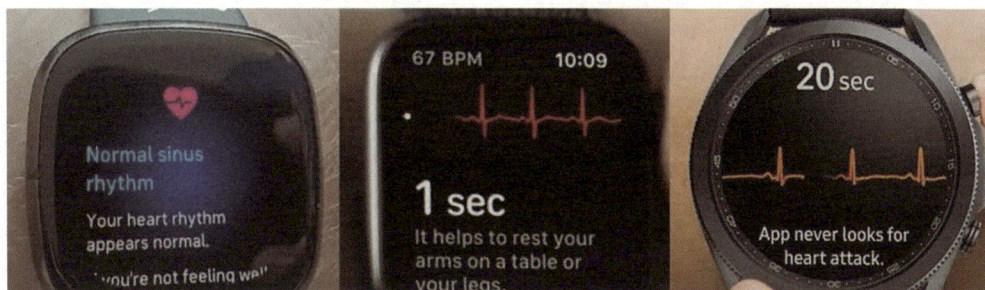

图4-13　Apple Watch S4

图4-14　华为WATCH GT2 Pro ECG款智能手表

供即用即热的便利，冷热水可自由选择，一度非常受欢迎。然而，饮水机的卫生问题和热水反复烧煮的健康隐患逐渐引起人们的注意。因此，许多人转向使用即插即热的小型电热水壶，甚至有些人回到了使用暖水瓶储水的传统方式。这表明，当产品对健康产生威胁时，人们宁愿选择相对原始但健康的产品，即便使用起来不太方便。对于设计师而言，我们在设计健康饮水产品时，不能简单地回归过去的传统，而是要结合现代技术探索如何提供纯净、营养丰富的饮用水，以满足人们的健康需求，提高生活品质。例如，小米推出的智能净水器，通过WiFi与手机连接，使用户可以实时查看家中自来水的TDS❶值以及净化后的水质情况（图4-15）。当滤芯需要更换时，净水器会通过手机发送提醒。该设备不仅能够实时监测水质并通过手机App提供反馈，还能根据用户的水质报告自动调整过滤设置。此外，它还具备智能语音助手功能，可以根据个人的饮水需求建议不同的水温和矿物质含量。这

一系统不仅保证了水的纯净度，还让用户的饮水过程更加个性化和智能化。这种创新设计体现了现代科技在日常生活中的应用，为人们提供了更健康和便利的饮水体验。

当然，现代人对健康饮食的关注不仅限于饮用水的质量，还包括日常饮食中的营养摄入量。尤其是对患有糖尿病、心脏病或其他慢性疾病的人群，他们更加严格地控制饮食中的糖分、盐分和脂肪摄入。因此，清淡且营养均衡的饮食成为一种常态。为了满足这些消费者的需求，智能产品正在不断创新和发展。例如，Smart Cooking Station智能料理锅（图4-16）可以满足这一部分消费者的饮食需求，它结合了AI算法，自动调整烹饪温度和时间，以确保食物处于最佳状态。用户可以通过手机App实时控制烹饪过程，并根据个人的饮食偏好进行设置调整。这种创新设计不仅保证了饮食的健康性，还提供

图4-15　小米智能净水器

图4-16　Smart Cooking Station智能料理锅

---

❶ TDS：Total Dissolved Solids译为总溶解固体，指的是水中所有溶解性固体物质的总量。这些固体物质通常包括盐类、矿物质、有机物和金属等，它们溶解在水中，不容易通过简单的过滤去除。

了丰富的口感体验，提升了人们的生活品质。通过将现代科技与烹饪结合，智能料理锅为追求健康和高品质生活的人们提供了便捷的解决方案。

除了家庭医疗和健康饮食，未来的生活也需要关注每个家庭成员的日常锻炼和健身情况。生命在于运动，未来人们可能无需离开家门，就能呼吸新鲜空气，进行有效的锻炼，保持健康的体魄，并获得愉悦的心情。未来的智能产品可能会承担健身教练和私人医生的角色，为人们提供全面的个性化保护和服务。例如，Tonal的智能力量训练系统就是一个前瞻性的创新产品（图4-17）。Tonal系统结合了虚拟教练技术和智能力量训练设备，通过内置的AI算法和传感器，能够实时监测用户的运动表现和生理指标。它根据用户的体能水平自动调整重量和训练计划，提供

个性化的训练建议。用户通过触摸屏幕与虚拟教练互动，完成各种力量训练、核心训练和柔韧性练习，同时系统还会跟踪进展，提供详细的反馈和改进建议。该系统还能集成到智能家居环境中，调整照明和音乐，营造理想的锻炼氛围。此外，系统还提供营养和恢复建议，关注用户的全面健康需求，包括美容护肤等。这种全面整合的智能健身方案，不仅帮助用户实现个人健身目标，还提升了整体生活质量。

以上案例展示了人们对未来健康养生生活的期待和思考。从中可以看出，未来的生活将更加个性化，贴近每个人的独特需求，尊重个体的选择和发展。随着技术的不断进步，未来的智能产品不仅提供量身定制的健康和生活解决方案，还将以更智能、便捷的方式满足每个人的独特需求，提升整体生活质量。

图4-17　Tonal的智能力量训练系统

## 4.4.1.3　提升生活便捷性的智能产品开发

在日常生活中，我们经常会遇到各种问题。这些问题可能由多种原因引起，例如，产品功能的缺失，使用户在使用过程中无法找到所需的功能来解决特定的生活

难题；产品的使用方式不合理，导致用户在操作时感到不便甚至无法正常使用；市场上缺乏解决这些问题的产品。因此，开发能够提升生活便捷性的智能产品显得尤为重要。

导致这些问题的根本原因之一是现有技术的局限性，以及设计过程中设计师对某些因素的考虑不足，缺乏对生活的深入观察和体验。针对未来的智能产品概念设计，我们尤其需要关注那些常被忽略和遗忘的生活细节，从微小的日常琐事入手，表达设计中的人文关怀。所谓"小细节、大设计"，从这一角度出发的设计可能没有令人眼前一亮的视觉冲击力，但却能让人感受到温暖，能够真实而有效地解决人们日常生活中的各种问题。

从这一角度切入的概念设计具有广泛的影响力，因为它以用户日常生活为切入点，设计往往缺乏明确的主线，唯一的办法是通过细致的观察和体验，从每一个生活细节入手，仔细审视身边的产品，发现其存在的显性或隐性问题，并评估这些问题是否对人们的生活造成了实际的不便。因此，设计师不应为设计而设计，也不应将自己的意愿强加给使用者。在观察产品的使用状况时，设计师必须以使用者的身份切实体验产品的使用过程，只有这样，才能抓住问题的本质，真正开发出能够提升生活便捷性的智能产品。

我们可以从以下这些产品入手，探索概念设计如何创造出能够提升生活便捷性的智能产品形式。这将有助于我们理解如何通过设计解决日常生活中的不便。例如，No More Falling Into Manholes 是一款井盖设计（图4-18），它在井盖的内圈边框镶嵌了一圈可发光材料。当井盖被撬开或位置发生移动时，这些发光材料会发出警示，提醒过路的车辆和行人注意，避免靠近。这一小巧的设计点不仅展示了设计师对安全问题的细致关怀，还体现了对生活细节的深刻观察。

图4-18　No More Falling Into Manholes 井盖设计

我们在生活中常常见到井盖这样的城市设施，井盖移位后对路过的车辆和行人造成危害的事件也时常出现在媒体报道中。那么，为什么一直没有人去探索这一类产品的再设计呢？可能是因为人们往往对自己未曾真实经历的事情漠不关心。然而，设计师不能忽视或掉以轻心，应对生活中的各种问题保持敏锐的直觉和设计思维，习惯性地思考设计的优缺点，并将这些思考融入自己的设计中。设计的素材始终来源于生活。如果缺乏对生活信息的积累和思考，生活将仅仅是生活，而不会成为创新设计的素材和切入点。通过这种方式，设计师才能够真正推动提升生活便捷性的智能产品的设计创新。

　　同样巧妙的还有这款方案——Bigbelly Sense智能垃圾桶（图4-19），它是一款具有创新性的设计，显著提升了城市垃圾处理的便捷性。它采用封闭式投放口设计，将垃圾隐藏在视线之外，不仅美观，还防止了误伤路人和老鼠进入。该垃圾桶具备自动压缩功能，当垃圾达到一定容量时，会在41秒内完成压缩，确保即使在人流密集的区域如购物中心和游乐园中也能持续使用。其内部垃圾桶容量为189升，是传统垃圾桶的1.7倍，显著增强了容纳能力。此外，该智能垃圾桶利用太阳能供电，并通过Smart Belly服务自动通知清洁人员，从而减少了人工巡检频率，提高了垃圾处理效率。这些功能不仅优化了城市公共设施的使用体验，还展示了智能产品设计在提升城市生活品质方面的潜力。

图4-19　Bigbelly Sense智能垃圾桶

　　智能输液器（图4-20）是一款通过精确控制输液速度和量，显著提升输液过程安全性和准确性的产品。它能够精确调节输液速度和量，确保药物准确输送。此外，智能输液器配备了异常监测和自动关断功能，可以实时监测管路是否堵塞或存在危险气泡，并在发现异常时立即自动停止输液，防止事故发生。它内置蓝牙设备，当注射接近完成时，会及时通知护士。这些智能化的设计不仅提高了医疗操作的准确性和安全性，提升了病人的舒适度，同时优化了护理工作的效率。

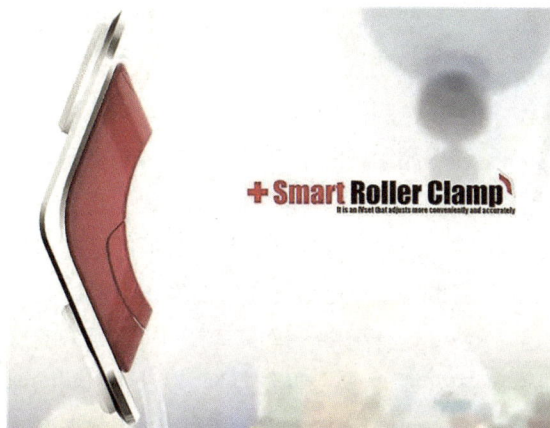

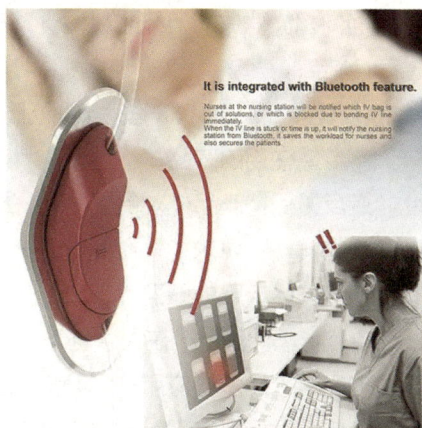

图4-20　智能输液器

　　在设计未来的智能医疗产品时，我们需要深刻体察患者可能面临的每一种痛苦，从患者的真实感受出发，为未来的医疗产品设计带来新的突破和改进。

### 4.4.1.4 关注弱势群体的智能产品设计

为弱势群体设计智能产品是设计伦理研究的一个重要领域，也是通用设计的七项原则之一，即平等使用。这意味着设计不仅要避免对任何人造成伤害，还要确保产品可以无障碍地被所有用户使用。这体现了在设计中对弱势群体的尊重和公平的人文关怀。无论是在公共环境还是在衣、食、住、行、用等方面，设计都需要从一开始就充分考虑、尊重和关怀弱势群体，这也是设计师社会责任感的体现。如何确保弱势群体在未来生活中也能享有良好的智能产品使用体验。具体而言，设计需要尊重人的平等性，每个人都有追随时代、不断优化自己生活的权利。作为社会中特殊的一部分人群，弱势群体的需求往往不同于常人。我们需要通过设计帮助他们克服在使用智能产品时的障碍，以便他们能够享有与普通人相同的产品体验。

面向弱势群体的智能产品设计需要具备两个特点。

① 无标记设计：一些残障人士或老年人不希望使用的产品显得过于特殊。因此，应尽量保持产品外观的常规性，通过隐蔽设计实现特殊功能，避免这些产品上有"弱势群体专用"标记。

② 渐进式设计：在为弱势群体设计智能产品时，技术的应用和提升应当循序渐进。应尽量保持与现有产品在功能和语意上的一致性，便于用户在操作时能够顺畅过渡。同时，需要深入了解弱势群体的生活方式和环境，观察并体会他们在日常生活中对产品和环境的实际需求。

以残障人士的产品需求为例，探讨如何创造能够为弱势群体提供充分人文关怀的未来智能产品。通过仔细观察残障人士的日常生活，我们发现他们在以下几个方面面临障碍：与周围人群的沟通交流、资讯信息的获取、外出的自如行动以及日常娱乐休闲等。尽管这些障碍各异，但他们同样希望能够平等地享受生活中的美好，智能产品设计应致力于帮助他们实现这些愿望。值得庆幸的是，在每年的各类设计竞赛中常能看到许多优秀且充满人文关怀的设计方案，这表明人们在为此不断努力。

Microsoft自适应配件（图4-21）是一系列专为行动不便的用户设计的智能产品。其设计特点包括高度可定制性、易于操作和共同设计。用户可以根据自身需求对配件进行个性化配置，例如自定义鼠标尾部和拇指支撑，甚至可以利用3D打印技术制作符合手型的鼠标。这些配件旨在提高用户的工作效率，使他们更高效地使用喜爱的应用程序，无论是自定义键盘输入还是快捷方式，都可根据特定需求进行调整。Microsoft与残障人士社区共同设计这些配件，确保其真正满足用户的需求。每件作品都经过精心设计，以帮助那些难以使用传统鼠标和键盘的人融入数字世界。总之，Microsoft自适应配件的灵活性、易用性和共创过程使其成为一款重要工具，有助于为弱势群体提供更包容的数字体验。

　　ALICN可变模块化骨传导耳机（图4-22）是一款专为听障人士设计的创新型骨传导耳机。其设计特点包括模块化结构、骨传导技术、独特的外观设计和舒适性。模块化设计使耳机能够根据用户需求更换不同功能的模块，如电池、通信或降噪模块，从而提高灵活性和可定制性。通过骨传导技术，声音通过振动直接传递到听觉神经，无需通过耳道，为听障人士提供了一种创新的听觉障碍解决方案。其外观设计类似于时尚饰品，让用户在佩戴时不仅获得功能性支持，还能感受到美观和自信。设计师在人文关怀方面充分考虑了用户的自尊心，旨在消除传统助听器可能带来的社交尴尬和不适感。通过将功能

图4-21　Microsoft自适应配件

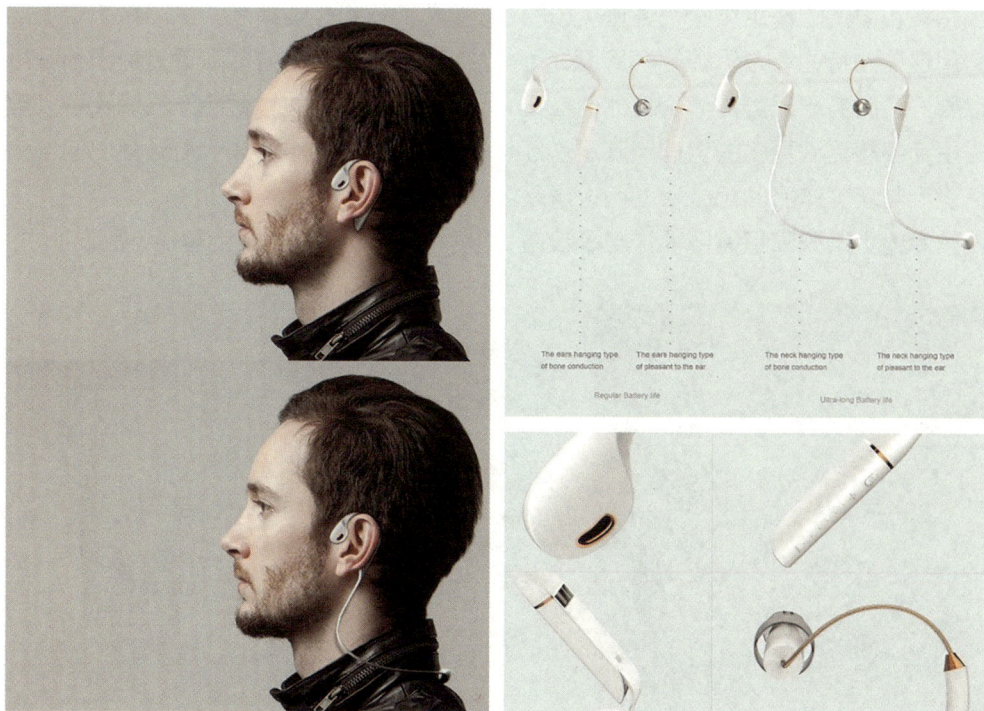

图4-22　ALICN可变模块化骨传导耳机

性与美观性结合，为听障人士提供了一个不显眼且时尚的助听设备，让他们在日常生活中能够更加自信地与他人互动。ALICN可变模块化骨传导耳机是一款结合了创新技术与人性化设计的产品，为听障人士提供了更好的听觉体验和生活质量。

在为残障人士设计智能产品时，我们往往专注于弥补他们的缺陷，而忽视了他们在其他方面的正常，甚至卓越的能力。例如，盲人的听力通常特别敏锐。我们常常忽略了扬长避短的设计理念。事实上，针对残障人士的设计可以着重强调他们擅长的能力，这不仅能增强他们使用产品的信心，还能给他们带来一种与常人无异的心理暗示，从而提供更加踏实和愉悦的使用体验。通过突出和利用这些独特的能力，智能产品设计可以更好地服务于弱势群体，让他们在日常生活中感受到更多的自信和满足。红点设计奖获奖作品Tongue Control是一款专为上肢残障且需要操作电子设备的人设计的舌头控制器（图4-23）。由于舌头肌肉相对灵敏且能够向多个方向活动，上肢残障者可以利用该设备远程控制电脑键盘或鼠标。控制器可固定在使用者的头部，通过设置在脸颊边的红外探测仪感应舌头的移动，再通过无线传输设备来操作电子设备。这一设计展示了智能产品设计对弱势群体的关注，不仅弥补了上肢残障者在操作电子设备方面的缺陷，还巧妙地利用了他们在其他方面的正常或卓越能力。舌头肌肉的灵敏性和多向活动能力使得Tongue Control成为一种创新且便捷的交互方式，让用户能够更加轻松地操作电子设备。这种设计思路强调扬长避短，不仅增强了使用者的信心，还提供了一种与常人无异的心理暗示，从而带来更加踏实和愉悦的使用体验。通过突出和利用这些独特的能力，智能产品设计可以更好地服务于弱势群体，提升他们的自信心和生活满意度。

在关注弱势群体的智能产品设计中，

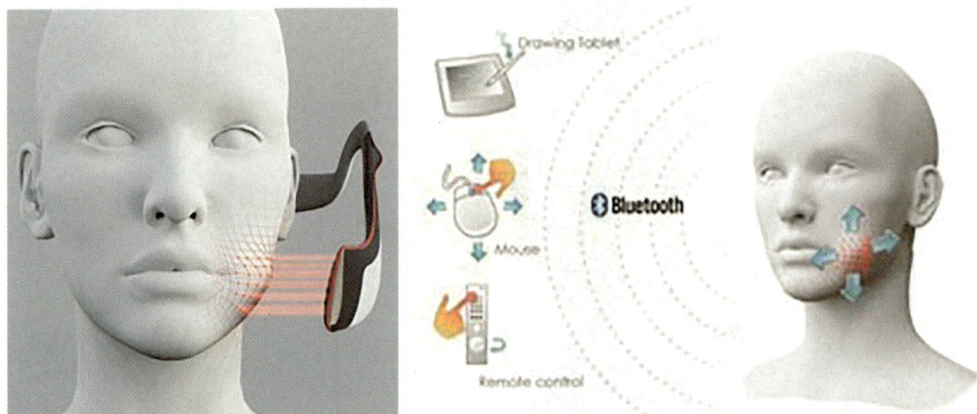

图4-23　Tongue Control（舌头控制器）

设计方法和理念需充分考虑用户的特殊需求，确保产品不仅有用而且易于使用。首要任务是进行深入的用户需求分析，不同的弱势群体面临的挑战各不相同，因此设计的第一步是了解这些用户在日常生活中遇到的具体问题，通过与用户交流、观察他们的日常行为，以及分析现有产品的不足之处，设计师可以明确产品的核心功能需求。

　　同理心是设计的关键。设计师需要设身处地地理解用户的处境和感受，以便设计出真正有用且人性化的产品。这意味着不仅要提供功能，还要帮助用户在心理和情感上感受到支持和被尊重。通过减少用户在使用产品时的障碍和不便，设计师可以帮助他们在社会中更加自信地参与活动。

　　技术创新与融合也是不可或缺的，针对不同的弱势群体，设计师应结合多种技术手段，如语音识别、振动反馈、导航等，以满足用户的特殊需求。例如，对于盲人用户，设备可以通过语音指令提供导航，并通过振动提醒用户注意障碍物。通过这些技术的创新与融合，产品能够提供更加个性化和精确的服务。由于盲人的运动范围通常非常有限，图4-24所示的盲人可穿戴设备，旨在通过降低移动的难度来帮助盲人增强社交活动，这使盲人能够在没有他人帮助的情况下，自主前往任何他们想去的地方。贴近盲人需求的可穿戴设备通过识别现有的步行便利设施等，帮助盲人实现自主行走，用户可以根据自身需求，从设备提供的三种类型中选择最合

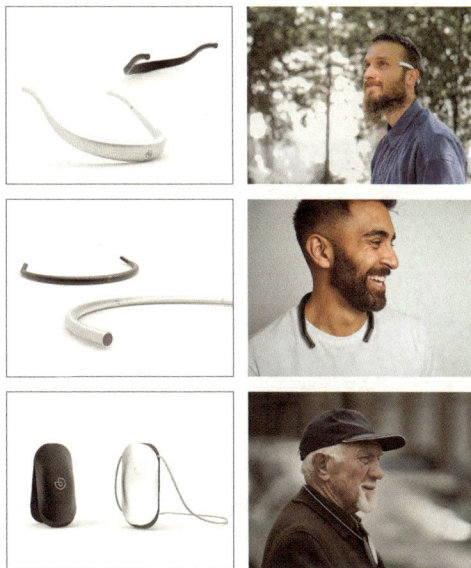

图4-24　盲人可穿戴设备
（2022年德国iF设计奖产品概念类获奖作品）

适的一种。

　　模块化设计与定制化选择是必不可少的。弱势群体的需求具有多样性和个性化特点，因此产品设计应考虑提供多种选择，满足不同用户的需求。通过提供多种功能和配置选项，用户可以根据自己的具体需求选择最合适的产品，从而获得更好的使用体验。

　　此外，易用性与无障碍设计是确保产品普及的关键。设计师需要简化产品的操作，确保用户能够轻松上手并使用。这包括设计友好的界面、易于理解的指令和按钮等。无障碍设计不仅提升了用户的使用体验，还确保产品能够被广泛接受和使用。

　　总体而言，关注弱势群体的智能产品设计需要综合考虑用户需求、同理心、技术创新、模块化选择和无障碍设计等多种

因素，通过这些方法和理念，设计师能够为弱势群体创造出真正有价值的产品，提升他们的生活质量，并使其体会到社会责任感。

## 4.4.2　创造智能化的产品情感体验

创造智能化的产品情感体验是指在设计智能产品时，通过情感化设计，提升用户的情感满意度和产品体验感。这不仅涉及功能的实现，还包括如何通过设计来激发用户的情感共鸣，使用户在使用产品时产生积极的情感体验。

现代社会，商品的功能已远超传统的使用需求，它们成为一种取悦用户的媒介。设计师必须深入洞察用户的心理需求，并使其得到满足，以提供独特的情感体验。随着社会和经济的发展，工业设计的使命也从单纯的物质幸福扩展到物质和精神的双重幸福。人们对产品的期望不仅仅是其功能性，还包括在使用过程中获得尊严和生活的乐趣，从而使生活更加丰富和有意义。因此，产品设计不仅需要具备"可用"的表象，更应创造出"不可见"的精神体验和深远的生命意义。无论是概念设计还是传统设计，目标都应是创造用户的精神体验，引导人们体验和回味生活，从而带来愉悦感。这种设计不仅可以满足用户的情感需求，还能开辟出新的市场空间。例如，Lush是一个以手工制作香皂和护肤品著称的品牌，它通过独特的产品体验和趣味性的包装设计，给用户带来愉悦的感官体验。Lush的产品包装和店内环境设计充满创意，能够激发用户的情感共鸣，使他们在使用过程中感受到乐趣和满足。这种情感驱动的设计不仅提升了用户的购买体验，还深化了品牌与用户之间的情感联结（图4-25）。

图4-25　Lush品牌的香皂

拥有这种设计理念的产品不仅满足了用户的基本需求，更在情感层面创造了深刻的联系，使用户在使用产品时能够体验到精神上的愉悦和满足。

未来的智能产品概念设计需要强化产品与用户之间的情感互动，以缩短产品与人之间的距离，并赋予产品更丰富的情感体验。为实现这一目标，我们可以从以下两个方面进行优化。

① 强化产品的身体感官体验：在设计过程中应重点关注产品的触觉、视觉和听觉效果。通过优化材料质感、视觉细节和声音反馈，提升用户的整体感官体验。

② 提升产品的互动参与性：设计时

应注重创造互动机会，使用户能够积极参与到产品的使用过程中。通过引入智能反馈机制和个性化功能，增强用户的参与感和归属感。

## 4.4.2.1　强化产品的身体感官体验

在智能产品的概念设计中，产品的感官体验越丰富，就越能引发用户的记忆和共鸣。为了增强产品的情感体验价值，最直接的方法是从人的五感（视觉、嗅觉、听觉、触觉和味觉）出发，增加感官要素，突出产品的感官特征，强化人与产品之间的互动感受，使未来的智能产品成为能够引发情感共鸣的作品。

我们可以从视觉、嗅觉、听觉、触觉和味觉等方面入手，探索如何通过设计让产品激发用户的情感共鸣，产生抒情价值，从而达到愉悦情感的效果。

### （1）产品的视觉体验

在未来的生活中，智能产品将为用户呈现一场充满趣味的视觉体验。每一个细微的动作都可能触发产品的智能反馈，增强人与产品之间的互动。例如：意大利的B.lab实验室研发了一种名为Living（活力）的智能建筑材料，这种材料具备感应能力，当受到外部压力时，会发生轻微的形变，并通过内部彩色液体和气泡的运动，呈现出动态的视觉效果。压力的大小不仅会影响形变，还会改变气泡的颜色。当人们在这种材料制成的地板上行走时（图4-26），地板会留下不同大小和颜色的足迹，这些足迹随着时间的推移逐渐消退，直至地板恢复原本的单色状态。这种智能材料旨在增强用户与建筑环境的互动，通过富有趣味的视觉反馈，创造出充满情感与趣味的空间体验，使智能产品在未来的生活中更加生动、互动性更强。

将目光从地面转移到墙面，我们可以关注来自柏林艺术大学的交互装置Aperture（光圈）（图4-27）。这个装置能够在用户经过墙面时，创造出如同电影大片中的影像效果。装置采用了类似相机光圈的可变光阑矩阵，结合传感器和执行

图4-26　Living材料的地板

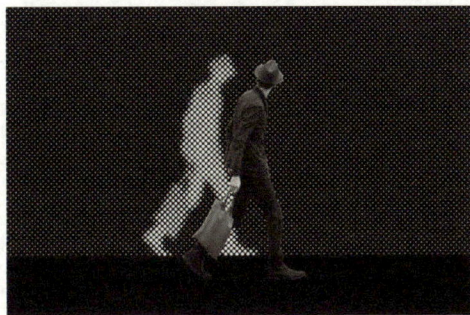

图4-27　交互装置Aperture（光圈）

器，使墙壁能够以点阵图的形式展示外界事物的轮廓和细节。当没有外部刺激时，墙面可以根据预设程序展示存储的动画，使墙壁始终保持动态，甚至活跃的状态。这种智能设计不仅提升了视觉体验，通过实时和动态的互动，使墙面成为一个充满情感和趣味的视觉媒介，增强了用户与环境之间的互动感，赋予空间情感化的表达，使得智能产品在未来的生活中更加生动有趣。

斑斓多彩的视觉互动趣味性使得智能产品在未来的娱乐场所，如酒吧、餐饮店，具有广泛的应用前景。这些场所可以利用智能产品的动态视觉效果提升整体氛围和娱乐体验。智能产品通过奇妙的视觉惊喜，不仅增强了娱乐性，还增强了对用户的吸引力。

在未来的家居生活中，智能产品将通过灵动的视觉效果带来更深刻的情感体验。以热敏纸为例，这种材料的智能化发展趋势正显著改变家居产品的设计。热敏纸是一种能够响应温度变化的智能材料，它在温度变化时会呈现出不同的

颜色效果。这种技术已经被应用于施源设计的"Design With Life"系列墙纸中（图4-28）。当暖气启动时，墙纸上的花朵会随着温度的变化而逐渐绽放，仿佛春风拂过、花开盛景。这种动态的视觉效果使得墙纸在无声的情况下仿佛拥有了生命力，从而引发用户的情感共鸣。

热敏纸的智能化不仅仅改变了墙纸的视觉效果，也拓展了其在家居环境中的应用范围。例如，在智能家居系统中，热敏纸可以用于窗帘、家具装饰和墙面装饰，当室温或环境温度发生变化时，相关的颜色变化能够动态响应，提升空间的视觉层次感和互动体验。这种智能材料的设计理念提升了产品的视觉观感，通过细腻的动态反馈和视觉变化，深刻影响用户的情绪。智能产品不仅是功能性的工具，更是家居环境中的互动艺术品，它们通过赋予物品生命力和互动性，创造出令人惊叹的视觉体验，进一步丰富了用户的生活环境。

生活中的许多物品虽然默默无言，但它们同样拥有独特的生命方式。热敏纸

图4-28 "Design With Life"系列墙纸

的智能化发展使我们能够更好地利用这些物品的潜力，将它们赋予更多的情感和生命力。这种设计不仅增强了产品的功能性，也深化了用户与产品之间的情感联结，推动了智能产品在未来生活中的应用和发展。

面对未来的产品设计，智能产品概念设计将通过灵动的视觉效果为用户提供深刻的心灵体验。这些产品设计将融入先进的视觉技术和动态反馈机制，使得每一次使用都能带来持续的愉悦体验。通过实时响应环境变化，如温度和光线，这些产品能够展现丰富的视觉效果，创造出不断变化的感官体验。智能产品的设计不仅关注功能性，更注重情感和视觉的结合，以提升用户的整体生活质量。

这种设计理念的核心在于通过细致的视觉互动和创新的技术手段，提升用户的生活体验。智能产品概念设计的目标不仅是满足功能需求，更是通过丰富的视觉表现和动态反馈，创造出持久的情感共鸣和愉悦感受。

### （2）产品的嗅觉体验

现代工业设计发展史中，真正有关气味的情感化设计产品并不多见。将对气味的研究融入产品设计中，能充分触动使用者的多种感官。嗅觉作为人类五感中最能唤起记忆的感官，其重要性不容忽视。研究表明，人类能够识别约10000种不同的气味。更为关键的是，随着时间的推移，嗅觉记忆比其他感官记忆更为持久。当视觉记忆在三个月后下降至约50%

时，气味记忆在一年后仍保持65%的准确度，这凸显了嗅觉在感官体验中的独特地位。在未来的智能产品概念设计中，如何有效地融入嗅觉体验将是设计师需要深入探讨的课题。通过分析用户的日常生活场景，设计师可以将嗅觉体验巧妙地融入产品的功能与使用过程中，创造出具有意外惊喜的感官体验。日本公司柯尼卡美能（Konica Minolta）开发的便携式气味检测设备——Kunkun Body（图4-29），便是这一趋势的典型案例。

图4-29 Kunkun Body 气味提醒设备

Kunkun Body是一款旨在帮助用户检测和管理体味的智能设备。该设备能够检测人体四个主要部位的气味：头部、耳后、腋下和脚部，并计划在未来增加口臭检测功能。这种多部位检测的设计，充分考虑了用户日常生活中的需求，帮助用户全面了解自己的体味状况；它还具备对气味进行分类的功能，能够检测包括汗臭、烹饪油烟味，以及"kareishuu"（老人味）和"midoru shishuu"（中年男人特有的气味）等多种气味。通过这种分类功能，设备可以更精准地识别并提醒用户可能需要注意的气味类型。智能提醒功能是Kunkun Body的一大亮点。设备通过蓝牙与手机App连接，实时检测并反馈用户的体味情况。当检测到刺激性气味时，应用会发出提醒，建议用户及时采取相应措施，如使用除臭产品或更换衣物。这种智能提醒功能，不仅提高了用户对自身气味的感知，还增强了用户对社交场合的自信。

Kunkun Body的便携设计，使其易于随身携带，外形类似于过去的卡带录音机。这个设计考虑到了用户的使用便利性，使得用户可以随时随地进行气味检测。这种设计理念不仅关注功能的实现，更注重用户的实际使用体验，体现了智能产品设计中以用户为中心的核心原则。从市场前景来看，Kunkun Body的推出有效解决了许多人在社交场合中对体味的担忧，尤其是在像日本这样对气味非常敏感的国家。这种设备不仅适合个人使用，也可在公共场所、办公室等环境中广泛应用，提升整体社交礼仪和舒适度。

Kunkun Body的设计充分体现了智能产品概念设计的关键要素：以人为本，重视多感官的体验，增强用户的情感联结。这一设备不仅满足了用户的实际需求，更通过技术手段在功能与情感层面上提升了产品的价值，使其成为现代生活中不可或缺的智能伴侣。

又如，由哈佛大学教授大卫·爱德华兹（David Edwards）及其团队开发的oPhone（图4-30），它是一款创新智能设备，旨在通过发送和接收气味信息，扩展传统通信的感官维度。作为一款智能产品，oPhone利用气味传感器和气味释放装置，将气味从一个设备传输到另一个设备。用户可以通过oSnap应用选择并发送气味标签，将32种基础气味混合创造出超过30万种独特的气味组合。这些气味储存在oPhone的气味芯片中，当设备接收到气味信息（oNote）时，能够调和并释放相应的气味。oPhone的设计不仅拓展了个人通信的边界，还具有广泛的应用前景。在食品行业中，用户可以通过气味短信分享美食的香气，增强社交网络中的互动体验；在虚拟现实、教育和培训等领域，oPhone也能通过气味传输丰富用户的沉浸式体验。oPhone的硬件设备

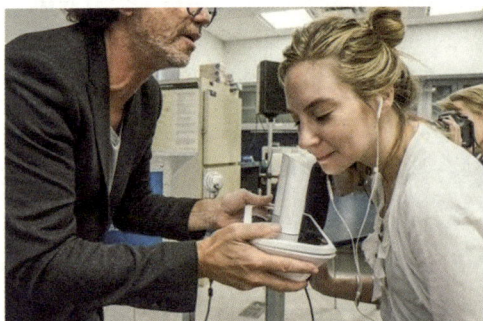

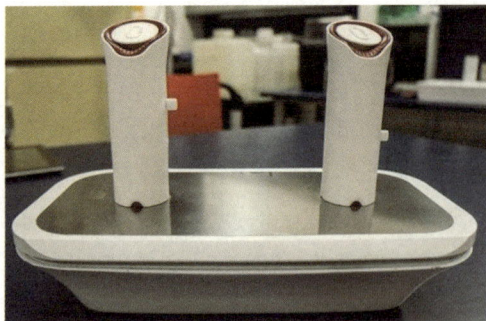

图4-30 oPhone智能设备

内部采用类似神经细胞的小型循环部件结构，每个"细胞"包含四个孔，其中三个孔内装有带气味的材料包裹物。当设备接收到气味信号后，通过这些孔释放特定气味，为用户带来多感官的交互体验。用户通过用一款定制的相机App——oSnap拍照，并从约3000种气味中选择相关标签，发送的气味信息会通过链接传递给接收者，后者可以直接接收原图或气味信息。在连接硬件设备oPhone Duo后，气味可以通过两个独立的管子释放，为用户带来更加直观的气味体验。

oPhone的出现为移动通信领域注入了全新的感官体验，突破了传统通信仅限于文字、图像和声音的限制。未来，oPhone有望在更多领域得到广泛应用，进一步提升用户的互动体验和感官享受。

产品设计不再仅仅局限于视觉的感官体验，通感设计正在成为一股新的设计趋势。通过分析案例可以看出，基于嗅觉的产品设计主要集中在气味监控、除味和香气制造等领域。这类设计通常结合了应用程序、专利材料等技术手段，不仅保障了产品功能的实现，也显著提升了产品的可用性。

不同气味通过刺激嗅觉，可以引发人的情感反应，从而在一定程度上影响用户对产品的态度。因此，从体验角度来看，产品设计实际上是在塑造用户的感知体验。基于产品情感化设计理论，通过对情感化设计的概述以及诺曼教授提出的情感化设计层次理论的探讨，我们可以更深入地理解嗅觉在产品设计中的应用潜力。

以与嗅觉密切相关的产品气味设计为创新点，设计师可以探索如何通过嗅觉增强用户的情感联结，进而提升产品的整体设计品质。这种设计思路不仅拓展了智能产品概念设计的感官维度，也为未来的设计创新提供了新的方向。

### （3）产品的听觉体验

在听觉体验的设计中，人们一般会想到音乐播放器等视听设备。随着技术的不断进步，音乐播放器从早期笨重的卡式录音机，发展到风靡一时的随身听和CD播放器，再到如今的智能手机、无线耳机等设备。这一演变历程不仅体现了人们对听觉体验需求的不断提升，也反映了技术在推动设备便携性和音质提升方面的重要作用。如今，随时随地享受高质量、个性化的音乐体验已成为标准功能，用户对设备的期望也扩展至智能化和情感交互等更高层次的需求。

近年来，智能产品设计逐渐开始探索如何将听觉体验与用户的情感状态更紧密地结合。以苹果公司的AirPods为例，AirPods Pro（图4-31）系列通过集成皮肤识别传感器和运动加速感应器，能够检测用户的心率、运动状态以及耳机是否佩戴在耳中，并基于这些数据智能调整音乐播放。这种耳机不仅提供卓越的音质，还能根据用户的情感状态和环境，自动选择最适合的音效模式，如主动降噪或通透模式，从而进一步提升用户的听觉体验。此外，苹果公司还获得了一项专利，描述了未来的AirPods中可能集成更多生物识别传感器，如光电脉搏图传感器，用于测量心率和其他生理指标。这些传感器通过测量光从皮肤上的反射来获取生物数据，从而提供更全面的健康监测功能。

在类似方向上，科大讯飞与咪咕联合推出了 Mobius 语音智能耳机（图4-32）。这款耳机具备语音对话、运动监测、智能翻译和出行导航四大功能，集成了科大讯飞 AIUI 2.0 平台及麦克风阵列方案，显著提升了语音识别的精度和响应速度。Mobius 语音智能耳机还能与咪咕灵犀和咪咕善跑两款 App 连接，应用于商务和运动场景，并整合了 1700 万首歌曲及丰富的有声资源。

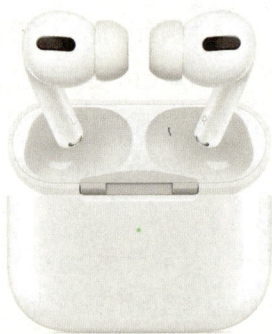

图4-31　AirPods Pro

图4-32　Mobius 语音智能耳机

此外，科大讯飞还与美团外卖、洛可可等公司合作，推出了一款专为外卖骑手设计的智能语音助手。该设备类似耳机（图4-33），基于云后台的数据和 AI 技术，使骑手能够通过自然语音完成接单、上报等操作，无需手动操作手机。同时，系统会根据骑手的骑行状态自动触发交通安全提示，减少安全隐患，保障骑手的生命安全。

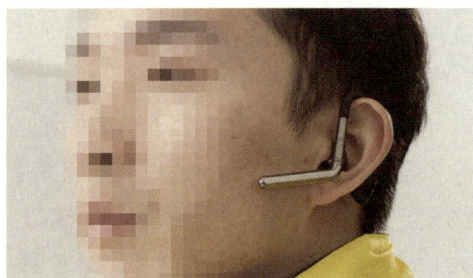

图4-33　骑手耳机

这种设计充分体现了智能产品概念设计以用户为中心的核心设计理念，融合多场景应用与技术创新。通过整合生物传感技术、语音识别、AI 和物联网技术，AirPods Pro 和 Mobius 语音智能耳机等设备不仅提升了用户体验，还展示了智能设备在不同领域的广泛应用前景，标志着未来智能产品概念设计的发展趋势。

**（4）产品的触觉体验**

随着智能技术的迅猛发展，产品在功能层面的创新不断深化，然而用户对情感化体验的需求亦日益凸显。触觉，作为人类最基本的感知渠道之一，不仅承担着信息传递的作用，更在情感唤醒和心理联结中扮演着关键角色。在传统产品中，用户通过材质、重量、温度等物理特性获得直观的触觉反馈，形成了对产品质感与情绪的感知。然而，在高度数字化的交互环境中，这种物理性体验逐渐被虚拟界面所取代，使产品交互呈现出"冷感"倾向。因此，设计师应重新审视"触觉介质"的价值，探索在虚拟与现实融合的交互场景中，如何激活用户的真实触觉感知，从而增强产品的情感表现力和沉浸式体验。

随着人机交互从图形界面（GUI）逐步迈向多模态交互（MMI），触觉作为一种深层次、低延迟的反馈方式，正在成为智能产品设计的重要方向。相较于视觉和听觉，触觉反馈具备私密性强、认知干扰小、响应快速等优势。合理的触觉设计不仅能够提升产品的可用性和信息传递效率，更能激发用户的情感共鸣和使用信任感。触觉体验的实现，涉及温度、振动、材质、压力等多个维度，设计师需综合用户的生理感知阈值与心理反应，对触觉模式进行系统建构，使其既具备明确的功能

导向，又富有温度与情感表达。

在智能可穿戴设备领域，触觉技术已成为核心创新点。例如，Apple Watch和 Google Pixel Watch 通过高精度线性振动马达，输出多样化的振动模式，用以提示电话、短信、导航或健康提醒。这种通过"轻拍感""脉冲感"等不同振动节奏传递的信息，使用户即使在视觉或听觉受限的环境中，也能实现高效交互。同时，新兴触觉技术正推动产品体验向更深层次发展：如"ThermoReal 热感触觉模块"通过温度变化模拟冷热刺激，为用户带来更真实的沉浸感；柔性触觉传感器则集成在智能服饰、手环等产品中，实现对用户按压、弯曲等行为的实时响应，使交互更自然、更贴合人体。

触觉系统的构建不仅依赖于传感器和驱动器等硬件，更依赖于整体交互系统的逻辑设计与人因洞察。如图 4-34 所示，智能穿戴设备的触觉反馈系统通常由感知层、处理层与执行层三部分构成。当用户产生如点击、滑动或佩戴状态变化等操

图 4-34　Instax Mini LiPlay 数字相机

作行为后，系统通过传感器采集数据，经过处理器分析判断后，驱动执行部件（如振动马达或热感模块）输出触觉刺激，形成闭环式人机交互流程。这种"感知—解析—反馈"的系统路径不仅提升了产品的交互效率，更强化了用户的沉浸感和归属感。

综上所述，触觉体验作为连接用户感知与产品情感的关键桥梁，正在成为智能产品设计中的重要突破口。未来，触觉技术将与人工智能、大数据分析、材料创新等多学科融合，推动智能产品从"功能性工具"向"情感化伙伴"转型，全面提升用户体验的温度与深度。

**（5）产品的味觉体验**

在智能产品设计领域，将味觉体验与产品相结合，虽然看似不可思议，却代表了一种新兴的设计思路，逐渐引起关注。传统上，味觉通常与食品直接相关，但随着技术的进步和设计思维的拓展，设计师们开始探索如何通过智能产品来增强或模拟味觉体验，从而为用户创造更加丰富的感官体验。

在智能产品概念设计中，味觉体验的设计通常有两种思路。首先，可以将食物或饮品作为产品的一部分，通过创新的包装设计或独特的食用方式，增强用户的味觉体验。例如，智能饮品机能够根据用户的口味偏好和健康数据，智能调配出最适合的饮品，不仅满足味觉需求，还能提供健康建议。这种将味觉体验与智能技术相结合的设计，使得用户在享受饮品的同时，获得更加个性化和全面的体验。

以尚饮i店智能AI饮品机为例（图4-35），该产品采用智能触控屏和语音识别技术，用户可以通过简单的操作选择自己喜爱的饮品种类、配料和口味，快速获得定制化的饮品。更为重要的是，该饮品机能够根据用户的健康数据，如体重、饮食习惯等，智能调配出最适合的饮品，并提供健康建议。除了传统的热饮，这款智能饮品机还可以制作冰饮和气泡饮，满足不同用户的多样化需求。

其次，味觉体验还可以通过与其他感官的结合来实现，如通过气味、视觉等感官的互动，间接影响味觉。例如，智能香

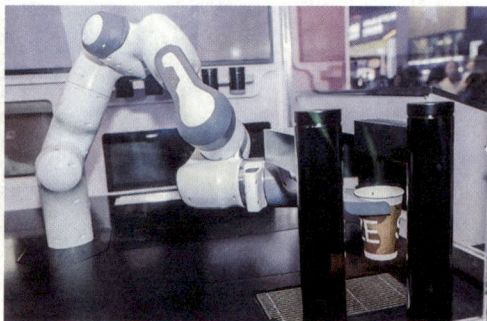

图4-35 尚饮i店智能AI饮品机

氛设备能够根据用户的情绪和所处环境，释放特定的香味，影响用户的嗅觉感受。甚至有设计师开发出能够模拟食物味道的电子设备，通过刺激舌头上的味蕾，产生类似真实食物的味觉体验。这些设计不仅扩展了智能产品的应用场景，还为用户提供了更加多维度的感官体验。

这种将味觉体验融入智能产品设计的理念，充分体现了现代智能产品设计的核心趋势：以用户为中心，融合多感官体验，关注情感与技术的结合。随着技术的进步和用户需求的变化，这种注重感官整合与个性化体验的设计理念将继续推动智能产品的发展，为用户带来更丰富、更深刻的使用体验。在未来，智能产品的设计将不再局限于视觉和触觉，而是会更加关注如何通过多感官的融合，创造出与用户情感深度互动的创新产品。

## 4.4.2.2　提升产品的互动参与性

在智能产品概念设计中，互动这一社会学概念被重新定义，指的是各种因素之间的相互作用和关系，包括人与人之间、人与产品之间以及人与环境之间的交互。在智能产品的使用过程中，互动不仅体现为简单的功能实现，更赋予产品情感与生命，使得产品成为承载梦想与情感的媒介。在这种情境下，用户的情感得到释放，并能与他人分享。智能产品设计通过互动，重新定义了人与物质、人与数字之间的关系，使得用户体验更加个性化、沉浸化和共情化。这一趋势表明，智能产品不再仅仅是工具，而是与用户形成深层次连接的情感载体。

随着科学技术的飞速发展，互动元素在产品设计和消费体验中的应用变得愈发重要；如今，智能产品设计的核心之一是通过互动来增强用户体验。从早期的键盘和鼠标操作逐步转向语音控制和触控操作，自然用户界面已成为现代智能产品设计的标志。

2007 年，苹果公司发布的第一代iPhone开创了多点触控技术的先河。通过这种技术，用户可以通过手指的自然操作与设备进行互动，彻底改变了以往依赖键盘和鼠标的交互方式。iPhone的成功不仅奠定了智能手机市场的基础，还推动了整个行业朝着更加直观和便捷的交互方式发展。此后，iPhone不断迭代，推出了诸如Face ID人脸识别、手势导航等功能，进一步提升了用户体验的流畅度和安全性。

与此同时，智能家居领域也在互动设计方面取得了显著进展。2014 年，亚马逊推出了智能音箱Echo（图4-36），搭载了语音助手Alexa。这款产品的出现标志着语音交互时代的到来，用户只需通过语音命令即可控制家中的智能设备，如灯光、温控器和音响等。Alexa的持续进化也促使更多的设备和服务实现了无缝连接，使得智能家居系统更加完善。

在汽车领域，特斯拉自2012年推出

Model S（图4-37）以来，一直致力于通过互动设计提升驾驶体验。特斯拉的车载系统融合了先进的触控屏和语音控制技术，驾驶员可以轻松管理导航、娱乐、空调等功能。特斯拉的自动驾驶技术通过整合传感器数据和人工智能，进一步增强了车辆与驾驶员之间的互动，使得自动驾驶成为现实。

图4-36　智能音箱Echo

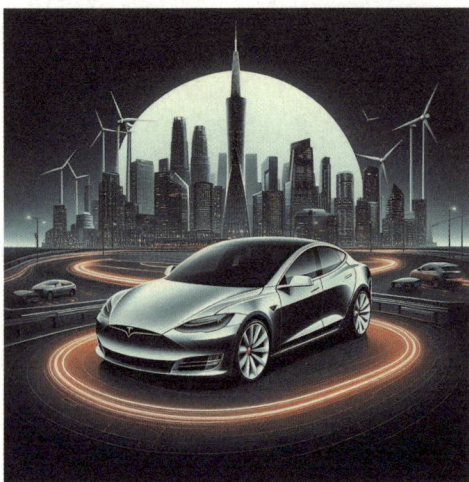

图4-37　特斯拉Model S

这些案例表明，智能产品设计的趋势正在从功能性向情感化和体验化转变。利用不断创新的互动技术，产品不仅满足了用户的基本需求，更为用户创造了沉浸式的、个性化的使用体验。未来，互动设计将继续推动智能产品的发展，为消费者带来更加丰富多彩的生活体验。

如果说20世纪是工业设计的时代，那么21世纪或许将成为互动设计的时代。未来，人们将越来越青睐与产品和环境之间进行隐形的、无声的交流。这样的互动能带来强烈的参与感，原本与产品之间的疏离感会因为产品和环境所反馈的信息而逐渐消散，从而让人们自然而然地靠近这些产品，并获得愉悦的情感体验。在当前和未来的生活中，人们所追求的不再仅仅是产品功能的实现，更加注重的是与产品之间的和谐互动关系。如何在产品和环境的使用过程中，赋予用户良好的参与感和情感体验，如何使产品设计不仅仅是科技的体现，而且能真正关注用户所处的具体环境与语境，是设计师需要深思的问题。智能产品的设计正在逐步超越单纯的功能性需求，转而关注人们的情感和体验需求。互动设计通过关注用户的参与感和情感联结，正在重新定义人们与产品、与环境之间的关系。这一趋势不仅改变了人们的生活方式，也为未来的智能产品概念设计方向提供了重要的指导。

提升产品的互动参与性，创造良好的情感体验，我们可以从以下几方面着手进行探讨。

## （1）注重用户体验的个性化

在智能产品概念设计中，注重用户体验的个性化是提升产品互动性和情感体验的重要方向之一。随着大数据和人工智能技术的不断进步，个性化设计已成为智能产品的核心竞争力之一。个性化用户体验的本质在于通过精确的数据分析了解用户的行为、偏好和需求，从而提供量身定制的功能和服务。这不仅增强了用户对产品的参与感，还有效地提高了用户的满意度和忠诚度。例如，Netflix 的推荐算法就是个性化设计的典型案例。Netflix 的推荐算法是一个复杂且高度个性化的系统，旨在为每个用户提供最相关的内容。通过分析用户的观影历史和偏好，Netflix 能够精准地推荐用户可能喜欢的影片或电视剧，从而提升观看体验。这种个性化的推荐机制，使得用户感觉平台"懂"自己，进而增加了使用频率和用户黏性。

另一个典型案例是 TOAST MESSENGER 烤面包机（图4-38）。产品设计独特而创新，充分体现了智能产品中注重用户体验个性化的理念。该烤面包机通过在面包片上烙印信息或图案，将早餐转化为一项富有趣味性和个性化的体验，用户可以根据自己的喜好选择不同的图案或文字，使每一片烤面包都具备独特的个性。烤面包机配备了简单易用的用户界面，便于用户轻松选择和定制他们想要的烙印内容。一些型号还具备智能控制功能，用户可以通过手机 App 进行远程操作和个性化定制，进一步提升了使用的便捷性和个性

图4-38　TOAST MESSENGER 烤面包机

化体验。烤面包机的多功能性也能满足不同的早餐需求，如加热和解冻功能，使其成为现代厨房中不可或缺的智能伴侣。整体设计不仅满足了用户的功能需求，更通过个性化的体验增强了用户与产品之间的互动和情感联结，完美诠释了智能产品设计中个性化用户体验的核心理念。

科学技术的不断发展促进智能产品概念设计的个性化将更加细致入微，从而满足用户在不同场景中的多样化需求。通过深度挖掘用户数据，产品将不仅仅是工具，还会成为懂用户、贴近用户的智能伴侣。

## （2）优化自然交互方式

随着数字化产品在我们的生活中逐渐占据主导地位，人们开始表现出对更人性化、更富有生命力的产品形式的渴望，而不仅仅是将产品视为冷冰冰的终端工具。这种生命力不仅限于产品的外观设计，更重要的是产品与用户之间能够形成自然的互动与交流。未来的智能产品概念设计将更加重视产品内在的生命力，以及它与人

和环境之间的情感联结。

在智能产品概念设计中，优化自然交互方式是赋予产品生命力的重要手段。通过将语音识别、手势控制、触觉反馈等技术无缝集成，设计师能够创造出更具温度和人性化的用户体验。这种设计不仅打破了传统数字化产品的冷漠感，使用户在使用过程中感受到产品的"活力"。Lucid品牌（图4-39）正是这一理念的实践者。其使命是打造以人类体验为基础的创新电动汽车，以鼓励人们使用可持续能源。Lucid车载体验系统（Lucid In-Vehicle Experience，简称LIVE）在平衡传统痛点和引入新功能方面做出了突破，旨在重新定义驾驶者对车辆的认知，并显著提升人车交互体验。LIVE系统通过整合自然交互技术，使驾驶者能够以直观而自然的方式操控车辆，专注于驾驶，同时享受个性化和愉悦的用户体验。

在现代生活中，汽车不仅是交通工具，更是关乎人们幸福感的重要空间。特别是电动汽车革命以来，制造商越来越意识到驾驶体验的感官维度超越了传统机械功能。Lucid品牌充分理解这一点，将其设计理念转化为现实，通过优化自然交互方式，打造了一个既创新又符合未来趋势的车内空间。Lucid电动汽车的车载系统不仅呼应了汽车行业百年的发展历史，也满足了现代驾驶者对高品质和互动性的期望，成为智能产品设计中的一个典范。

语音识别方面，苹果的Siri和亚马逊的Alexa不仅能执行指令，还能与用户进行自然的对话，提供个性化建议，帮助用户完成任务。这种互动形式使得用户不再感到与产品有隔阂，反而形成了一种类似伙伴的关系。此外，Siri通过整合日历、提醒事项、消息等功能，实现了跨平台的无缝交互，进一步提升了用户体验的便利性和流畅性。手势控制技术的应用也在逐步改变用户与产品的互动方式，现今很多电视，用户只需简单的手势动作即可完成频道切换、音量调整等操作。这种自然的互动方式不仅让用户摆脱了遥控器的束缚，还增强了与设备的互动体验，特别是

图4-39　Lucid电动汽车车载体验系统

在多任务处理或家庭共享的场景下，这种方式显得尤为便捷和直观。触觉反馈技术在可穿戴设备中的应用日益广泛，其精准的振动反馈使用户能够在不打扰他人的情况下接收通知和提醒。通过这种细腻的设计，用户与设备之间的情感联结得到了强化。类似的触觉反馈技术也被应用于智能手机游戏控制器中，通过反馈震动，增强了游戏的沉浸感和用户的操作体验。

通过这些优化自然交互方式的设计，智能产品不仅能够满足用户的基本功能需求，更能够通过增强的互动性和情感体验，成为用户生活中不可或缺的有机组成部分。这一趋势代表了未来智能产品设计的方向，也是未来智能产品成功的关键所在。

智能产品概念设计将继续探索如何通过自然交互方式，赋予产品更深层次的生命力，使其不仅能够满足用户的功能需求，还能够与用户建立更加丰富的情感交流。通过这种方式，智能产品将不再只是工具，而是能够与用户共同成长、互动的有机媒介。

### （3）营造沉浸式的体验

在当今强调体验的时代，用户对产品的期待已远超单纯的功能需求。传统的按键式交互方式常常无法提供足够的控制感和即时反馈，因此，智能产品概念设计越来越关注如何通过沉浸式体验来满足用户对控制感和参与感的期望。在现代产品设计中，沉浸式体验被视为提升用户参与度和满意度的关键，用户希望在使用产品时

能够获得明确且迅速的反馈，这种需求促使设计师不断探索创新的交互方式，取代传统的、单调的按键操作。

在智能产品概念设计中，虚拟现实和增强现实技术为用户提供了更加沉浸和自然的交互体验，推动了产品设计朝着多样化和自然交互的方向发展。以 Oculus Quest2（图4-40）虚拟现实眼镜为例，其配备的手势识别系统使用户能够通过自然的手部动作直接操作虚拟物体，如抓取、旋转和放置。这种设计不仅让用户在虚拟环境中感受到更加真实和自然的体验，还增强了他们对虚拟世界的掌控感，摆脱了传统控制器的限制，极大地提升了沉浸感和交互感。

增强现实技术通过将虚拟信息无缝叠加到现实世界中，进一步优化了用户的互动方式。Microsoft HoloLens 2混合现实头戴设备是这一技术的典型应用，它能够将虚拟对象融入现实环境，专为提升沉浸式用户体验而设计。其视场角相比前代扩大了两倍，提供了更加沉浸的视觉体验，让用户能够更深入地与全息图进行互动，用户可以通过手部追踪、眼动追踪和语音命令与这些虚拟对象互动，使用户能够以更加流畅和直观的方式与全息图进行交互。Microsoft HoloLens 2混合现实头戴设备（图4-41）的应用范围非常广泛，制造业可利用它缩短故障处理时间并加快入职培训和技能提升速度，员工可以随时随地快速学习复杂的任务并进行协作，这种设计不仅增强了用户的控制感，还使虚拟与现实的结合更加自然，提升了

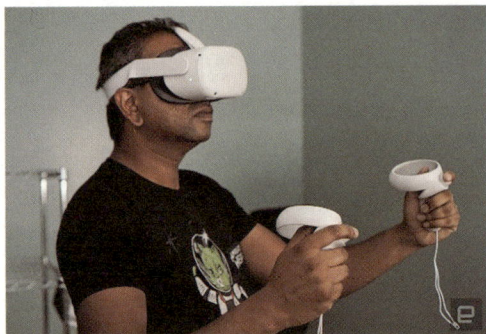

图4-40　Oculus Quest 2虚拟现实眼镜

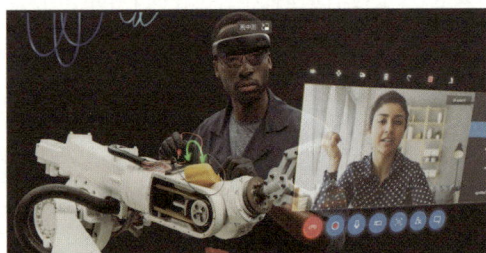

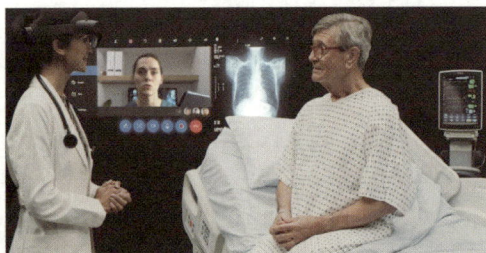

图4-41　Microsoft HoloLens 2混合现实头戴设备

用户在实际场景中的操作直观性和便利性；借助该设备，医疗保健专业人员可以与远程专家保持联系，调用护理点的患者数据，并超越X射线影像，查看三维MRI图像（图4-41），可以使团队能够安全地工作，并可改善患者的治疗效果，缩短护理时间；在工程与施工行业，员工可以凭借该设备尽早发现风险，并能准确验证从早期设计一直到施工的各种设计和安装条件，加快设计速度、降低返工实例数并以

全新的方式吸引客户；在教育行业，借助该设备，学生可以通过全息说明和评估随时随地在实践中学习，在3D形式中传达复杂概念的实践课程计划，改善学习效果并改革课程设置。

在智能产品概念设计领域，沉浸式视觉体验已成为提升用户交互体验的核心要素，尤其在混合现实设备如Microsoft HoloLens 2的推动下，这一趋势正迅速发展。随着技术的进步和用户需求的演变，设计者们不仅关注设备的技术规格，还更加注重如何通过视觉和交互手段，创造出能够直观反映用户意图和需求的智能产品。Microsoft HoloLens 2 所带来的广阔视场角和高分辨率显示正是这种趋势的代表。通过扩大用户视野，并以更细腻的全息图像展现虚拟内容，成功将用户的感官沉浸式体验提升至新的高度。这不仅符合当前智能产品设计中的"自然交互"和"用户中心"的设计理念，也反映了未来产品的发展方向——即通过不断优化感官体验，增强产品的智能性和用户的参与感。

此外，基于 AR 技术的导航应用也展现了智能产品概念设计的发展趋势。通过将虚拟信息实时叠加在用户的现实视野中，这些应用能够通过视觉引导用户完成导航任务，使得虚拟标识和方向指引直接融入现实环境中。用户无需依赖额外设备或复杂操作，即可直观获取导航信息，从而提升了使用的便捷性。

在智能产品概念设计的发展趋势中，沉浸式的视觉体验不仅是技术创新的体现，更是推动智能产品朝向更高层次用户体验发展的关键动力。随着混合现实技术的成熟和用户需求的精细化，未来的智能产品将更加注重如何通过视觉和其他感官手段，打造出让用户真正沉浸其中的互动体验。

## 小　结：

概念性的智能产品设计不应是冷漠无情的，智能化的产品情感体验将成为研发的主流。通过强化产品的身体感官体验和互动参与性，产品能够为用户带来更深层次的感性认知与情感交流。人们需要在生活中占据重要位置的产品中找到情感共鸣，获得感性认知。只有那些能够促进人与人之间情感交流、人与产品之间情感互动的智能产品，才能充分体现对生命价值的尊重和重视，真正反映设计的本质，使产品与人之间的关系更加和谐、可持续。

作为设计师，有责任通过产品设计，帮助人们深化对生活的理解，引导他们追求真正有意义的生活。当物质生活的基本需求得到满足后，精神生活的满足将成为未来生活环境构建的核心方向，我们必须致力于创造更多能够带给人们愉悦和感动的智能产品，通过强化感官体验和互动性，提升产品的情感价值。

## 思考与习题：

以 3~4 人为一个小组，分别从创造更智能便捷的产品使用体验和智能化的产品情感体验两个方面入手，构思智能产品概念设计方案，畅想未来产品的使用方式及形态设计，并完成设计方案的初步图稿及市场前景分析报告。

# Chapter

# 5

第 5 章 智能产品概念设计案例分析

**本章学习重点：**

① 理论与实践结合，理解抽象概念，提高在实际设计过程中应用这些概念的能力；

② 培养多样化的设计思维，重点掌握通过案例分析展示的不同设计思路和创新方法，了解如何利用不同的设计思维方法来解决特定的设计问题，在面对复杂的设计挑战时可以拥有更多的解决方案。

# 5.1　生活类智能产品概念设计

## 5.1.1　基于户外运动爱好者的多功能 AR 眼镜设计

2022年，全球探险旅游市场规模达到12357.6亿美元，显示出这一领域的巨大市场潜力和快速增长趋势。探险旅游作为旅游行业的一个细分市场，包含徒步、攀岩、滑雪、潜水等一系列户外活动，而这些活动的参与者通常具有对自然环境的深度探索需求。正是基于这种背景，多功能AR眼镜的设计应运而生，为户外运动爱好者提供了更为智能和安全的运动体验。

### 5.1.1.1　可行性分析

中国的探险旅游市场虽然起步较晚，但近年来发展迅速，市场规模已占全球探险旅游市场的14.5%。这种快速增长反映了国内消费者对探险旅游的热情增加和市场需求的不断扩大。多功能AR眼镜可以有效迎合这一需求，通过增强现实技术为用户提供实时的导航、环境信息和运动数据分析，从而帮助用户更好地规划探险路线、规避风险并享受探索的乐趣。

相比之下，美国的探险旅游市场规模达到4572.3亿美元，占全球市场的37%，是当前最大的探险旅游市场。这一市场的成熟度和参与度都非常高，用户对户外装备的智能化和多功能性要求较高。因此，面向这一市场设计的多功能AR眼镜不仅需要提供精准的户外导航和运动监测功能，还需要考虑用户在极端环境下的使用体验，如防水、防尘、防震等特性，以保证其耐用性和可靠性。

欧洲的探险旅游市场紧随其后，市场规模为4325.16亿美元，占全球市场的35%。欧洲丰富的自然景观和多样的户外运动文化吸引了大量探险爱好者。对于欧洲市场而言，多功能AR眼镜可以结合当地的户外运动习惯与文化，通过语音控制、手势操作等人性化交互方式，提升用户的运动体验和安全性。同时，该产品还可根据不同国家的自然地貌和气候条件，提供个性化的功能定制和内容推送。

全球探险旅游市场的快速发展为多功能AR眼镜的设计和应用提供了广阔的空间。通过整合先进的AR技术和多功能模块，该眼镜不仅满足了户外运动爱好者的需求，还能显著提升他们的运动体验和安全性。

## 5.1.1.2　设计理念

专为热爱旅行和户外运动的伙伴们设计的一款多功能AR眼镜，旨在为徒步、露营、骑行、攀岩等多种户外活动提供全方位的智能支持。这款户外运动智能眼镜集成了多种先进技术，打造了一个集安全、娱乐、健康管理于一体的高效运动伙伴（图5-1、图5-2）。

① 智能导航与安全保障：眼镜内置高精度导航定位系统，可以为用户提供实时的路径规划、地形分析和动态导航服务。结合报警功能，当用户遇到紧急情况时，能够迅速发送求救信号，并共享其位置，确保在最短时间内获得援助。此外，眼镜具备夜视和红外热成像功能，能够在低光环境或复杂地形中清晰识别障碍物和人体热源，进一步提升用户在夜间或恶劣环境中的安全性。

② 便捷的语音操控与娱乐体验：多功能AR眼镜采用先进的语音操控技术，让用户在户外运动过程中无需手动操作，即可轻松切换音乐、收听实时天气和新闻播报，以及控制其他功能。通过内置高保真耳机和降噪麦克风，用户能够在户外环境中享受高品质音乐和清晰的语音指令反馈，提升旅行的娱乐体验。

③ 健康监测与运动数据管理：眼镜集成了红外热成像技术，可以实时监测用户的体温、心率、呼吸等关键健康指标，有效预警高温、低温或体力透支等潜在健康风险。同时，运动身体数据功能能够记录步数、能量消耗、距离和速度等运动信息，帮助用户更好地管理个人体能和运动进度，提升运动的科学性和效果。

④ 视距调节与影像记录：眼镜还具备调节眼睛焦距的功能，能够根据不同距离的物体自动调整镜片焦距，帮助用户清晰地观看远近景物，增强视觉体验。此外，内置的高清摄像头可随时捕捉旅途中美好的瞬间，支持拍摄照片和录制视频，方便用户记录和分享他们的冒险故事。

⑤ 防掉设计与耐用性优化：考虑到户外运动的多样性和强度，眼镜采用了符合人体工程学的防滑防掉设计，即使在剧烈运动中也能牢固佩戴。同时，眼镜的整体材质选用了轻便、耐用的复合材料，具备防水、防尘、防震功能，能够适应各种极端环境下的使用需求，确保长期稳定运行。

⑥ 个性化体验与智能化互动：多功能AR眼镜不仅提供基础功能，还支持个性化设置和多种智能化交互方式，用户可以根据个人偏好选择不同的功能模块，如不同的导航模式、音乐列表、运动目标等。眼镜将不断学习用户的使用习惯，优化功能推荐和交互体验，使其成为真正懂得用户需求的智能伴侣。

这款多功能AR眼镜通过将导航、安全、娱乐、健康管理等功能高度集成，为热爱旅行和户外运动的伙伴们提供了全新的智能体验。无论是挑战极限的攀岩爱好者，还是享受自然的徒步旅行者，这款眼镜都能成为他们的可靠伙伴，让每一段冒险之旅更智能、更安全、更愉悦。

### 5.1.1.3　方案设计

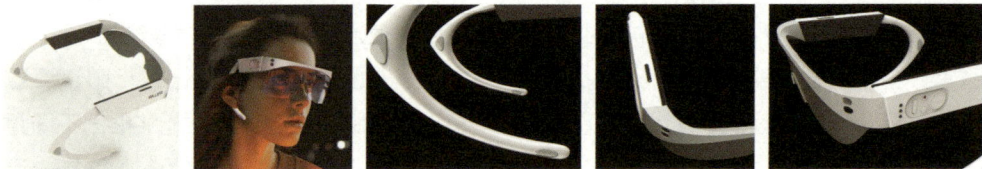

图5-1　多功能AR眼镜设计细节详图（作者：黎馥嘉　王宏　梁世超，指导教师：谢淑丽）

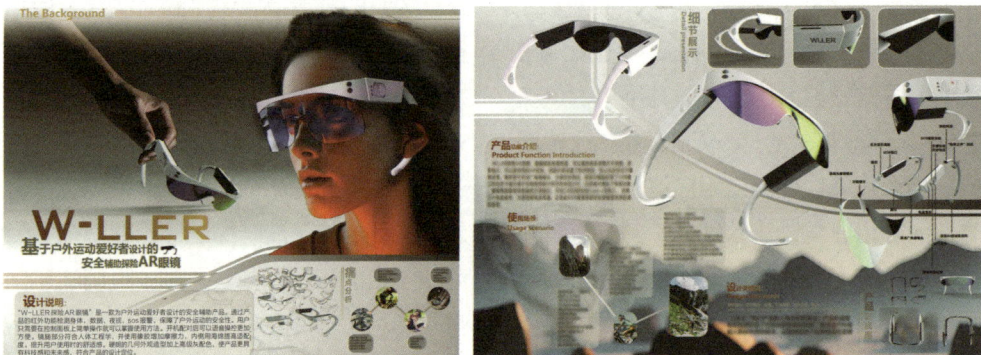

图5-2　多功能AR眼镜设计方案展示图（作者：黎馥嘉　王宏　梁世超，指导教师：谢淑丽）

## 5.1.2　仿生向日葵智能晴雨伞设计

仿生向日葵智能晴雨伞的设计趋势融合了仿生学、智能科技、多场景适应性、安全设计、环保材料和个性化定制等元素，打造出独特的市场竞争优势。这些设计理念不仅提升了产品的实用性和美观性，还精准满足了特定用户群体的需求，使产品在竞争激烈的市场中占据优势地位。

### 5.1.2.1　可行性分析

仿生向日葵智能晴雨伞融合了先进的太阳能技术与传统伞具的功能，其创新设计更受年轻人青睐。随着技术的不断成熟和便捷性的提高，智能晴雨伞的应用场景将进一步拓展，市场前景广阔。这一产品不仅展示了智能产品设计的趋势，还为新能源和环保事业做出了积极贡献。

①　应用范围广泛：仿生向日葵智能晴雨伞不仅具备传统雨伞的防雨和防晒功能，还融入了太阳能充电技术，使其能够在露天活动、野外生存等场景中发挥重要作用。

其智能化设计可以在多种环境下提供便利，满足用户对高效能和多功能产品的需求。

② 推动新能源发展：通过将太阳能技术应用于晴雨伞，仿生向日葵智能晴雨伞有助于推广新能源的应用。这一创新设计不仅可以解决传统能源的短缺问题，还能减少对环境的负担，推动绿色环保理念的普及。仿生向日葵智能晴雨伞的普及将促进新能源技术的进一步发展和应用。

③ 促进相关产业发展：仿生向日葵智能晴雨伞的设计涉及多个技术领域，如

太阳能电池、充电管理系统、伞骨和伞面材料等。这种多学科交叉的产品将推动相关产业的发展，包括太阳能技术、材料科学和智能设备行业。这一趋势将带动整个产业链的成长和技术进步。

④ 增强商业化应用：目标市场主要为年轻人群体。随着智能晴雨伞市场的成熟，其应用场景将不断扩大。例如，仿生向日葵智能晴雨伞可以结合各种商业产品和活动，如推广活动和赠品，为企业和品牌提供新的营销手段。这种商业化应用将进一步推动市场需求的增长。

## 5.1.2.2　设计理念

设计仿生向日葵智能晴雨伞时，其市场定位不仅关注一般消费者的日常需求，还专注于满足特殊场景下的使用体验，如徒步旅行、户外探险和夜晚出行等。通过仿生设计与智能技术的结合，仿生向日葵智能晴雨伞的设计趋势正朝着以下方向发展：

① 仿生设计灵感——功能与自然结合：仿生向日葵智能晴雨伞的设计从自然界的向日葵中获得灵感，伞面可以根据光线的强度自动调整角度，如同向日葵随太阳旋转以捕捉阳光。这种设计趋势不仅带来了美学上的新意，还提升了用户的实际体验，例如在户外时可以随时调节伞面的角度，获得最佳遮阳效果。同时，仿生设计增强了产品的亲和力和识别度，使其在市场上独树一帜。

② 智能化功能——增强用户体验：设计趋势着重于智能化功能的引入，例如通

过内置的光传感器、风速传感器和雨量感应器，伞面可以自动展开、收起和调整方向，确保在各种天气条件下都能为用户提供最优的保护。这种智能感应和自动调节的功能，不仅减轻了用户操作的负担，还显著提高了晴雨伞的实用性和安全性，特别是在夜晚出行或天气突变时更加方便。

③ 增强户外场景适应性——多场景设计：仿生向日葵智能晴雨伞特别关注户外场景的应用，设计更注重伞面的耐用性、抗风性能和轻便性。伞架采用高强度、轻量化材料，确保即使在风力较大的环境中，伞体也能保持稳定。这种多场景适应性不仅适合日常生活，还满足了徒步旅游和户外探险用户对装备的高要求，使伞具更具竞争力。

④ 安全性设计——夜间可视功能：针对夜晚出行的安全性需求，仿生向日葵

智能晴雨伞增加了夜间可视化设计，如在伞面边缘加入反光条或LED灯带，提升夜间行走的可见度。这种设计不仅为夜行者提供了额外的安全保障，还增强了产品在特定消费群体中的吸引力，符合现代用户对安全出行的需求。

⑤ 环保材料与可持续设计：当前设计趋势强调环保和可持续性，仿生向日葵智能晴雨伞的材料选择注重低碳环保。伞面采用可回收和防水性能优越的环保面料，伞骨则使用可降解或循环使用的轻质材料。这种环保设计不仅符合市场对绿色产品的需求，还进一步提升了产品的品牌价值。

⑥ 个性化和定制化：随着消费者对个性化产品需求的增加，仿生向日葵智能晴雨伞在设计上还提供了定制化选项，用户可以根据个人喜好选择伞面图案、颜色、光源模式等。这种定制化设计趋势使产品更具个性化，也有助于增强用户的品牌忠诚度。

### 5.1.2.3 方案设计

仿生向日葵智能晴雨伞的设计痛点分析与解决方案，见表5-1，设计细节详图和方案展示图，见图5-3、图5-4。

**表5-1 痛点分析与解决方案**

| 设计痛点 | 描述 | 解决方案 |
|---|---|---|
| 太阳能转换效率和电池寿命 | 太阳能电池的效率受限于光照强度，电池寿命和充电速度可能存在问题 | - 采用高效太阳能电池板<br>- 设计快速充电和高容量电池<br>- 增加太阳能电池板的可调节角度 |
| 伞具的重量和舒适性 | 太阳能电池和充电系统可能增加伞具重量，影响使用舒适性 | - 选择轻质材料（如碳纤维）<br>- 设计符合人体工程学的手柄<br>- 优化重量分布以提升舒适性 |
| 耐用性和抗风能力 | 智能晴雨伞需要在不同天气条件下保持耐用性和抗风能力，尤其在强风条件下 | - 使用高强度材料<br>- 进行风洞测试<br>- 加强伞骨结构设计 |
| 智能功能的用户界面和操作 | 智能功能可能使用户操作复杂 | - 设计简洁直观的用户界面<br>- 提供易于使用的App<br>- 提供清晰的用户指南和操作教程 |
| 成本控制 | 太阳能和智能技术的集成可能导致成本上升，影响市场竞争力 | - 寻找性价比高的材料和组件<br>- 优化生产工艺和规模化生产<br>- 推出不同价格层次的型号 |
| 环境适应性 | 智能晴雨伞需要在不同环境条件下保持稳定性和功能性 | - 进行广泛环境测试<br>- 使用防水、防紫外线材料 |
| 美观与功能的平衡 | 功能性增加可能影响产品的外观设计 | - 融入现代审美元素<br>- 允许用户个性化定制（如颜色和图案选择） |

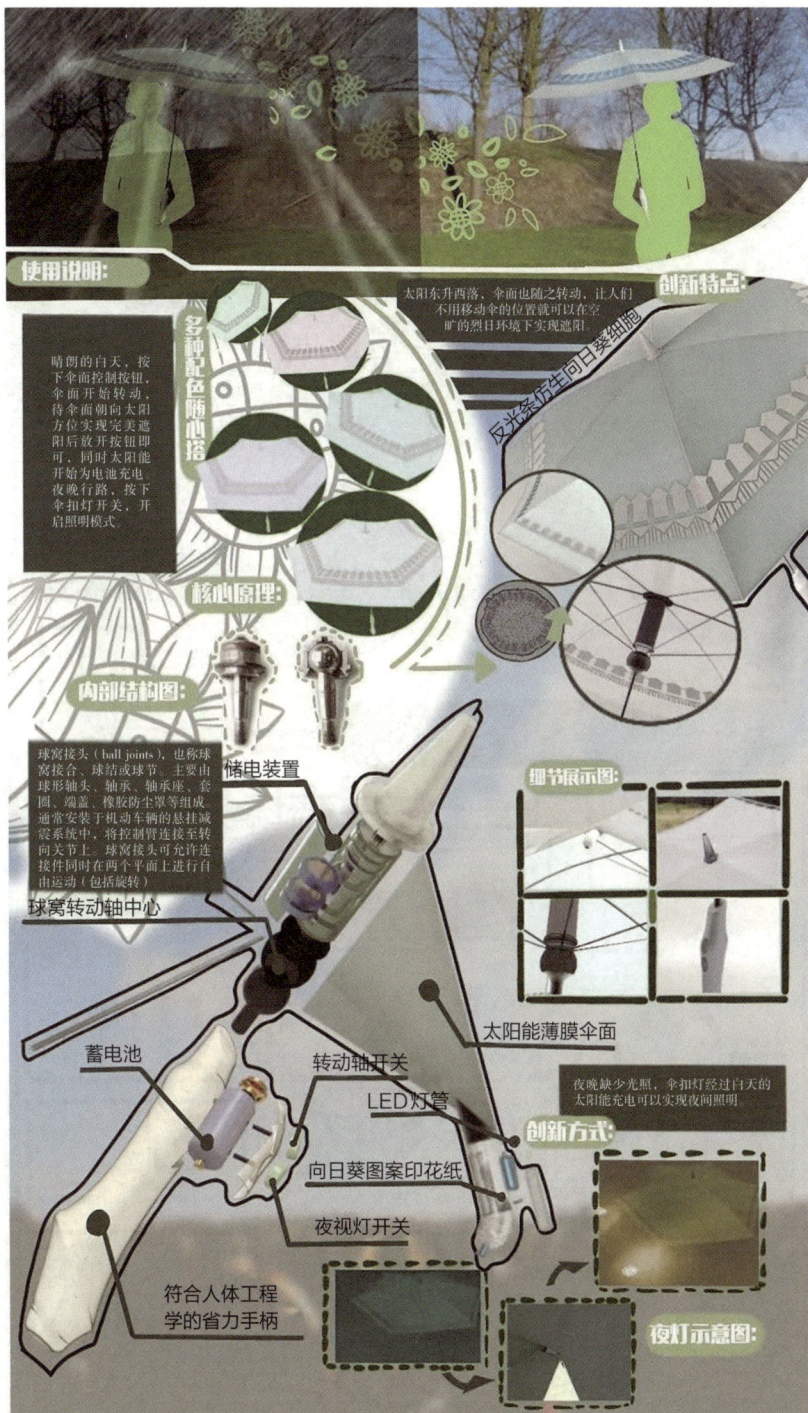

**使用说明：**

晴朗的白天，按下伞面控制按钮，伞面开始转动，待伞面朝向太阳方位实现完美遮阳后放开按钮即可，同时太阳能开始为电池充电夜晚行路，按下伞扣灯开关，开启照明模式。

多种配色随心搭

太阳东升西落，伞面也随之转动，让人们不用移动伞的位置就可以在空旷的烈日环境下实现遮阳

**创新特点：**

反光条仿生向日葵纽胞

**核心原理：**

**内部结构图：**

球窝接头（ball joints），也称球窝接合、球结或球节。主要由球形轴头、轴承、轴承座、套圈、端盖、橡胶防尘罩等组成。通常安装于机动车辆的悬挂减震系统中，将控制臂连接至转向关节上。球窝接头可允许连接件同时在两个平面上进行自由运动（包括旋转）

球窝转动轴中心

储电装置

**细节展示图：**

夜晚缺少光照，伞扣灯经过白天的太阳能充电可以实现夜间照明。

**创新方式：**

蓄电池

转动轴开关

LED灯管

太阳能薄膜伞面

向日葵图案印花纸

夜视灯开关

符合人体工程学的省力手柄

**夜灯示意图：**

图5-3　仿生向日葵智能晴雨伞设计细节详图
（作者：王羚艺　彭诗涵　许海霖，指导教师：谢淑丽）

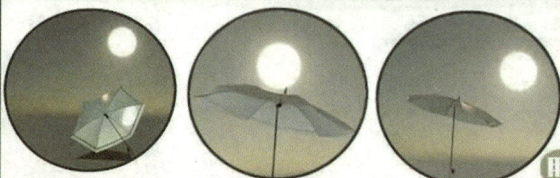

# 仿生向日葵
## 让打伞变成有趣的事～

第二档收入群体中占半数的人乐意购买50元以下的伞，愿意购买50元到100元与100元以上伞的人分别占51%与18%，第三档收入群体中超过50%的人愿意购买50元以下的伞，会买50元到100元及以上的人占比较少。

**情感设计：**

本产品可以改善人们在烈日环境下赶路的身体感受，增添行人的旅途乐趣，让人们感知到人与自然共生之美。

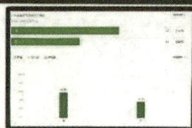

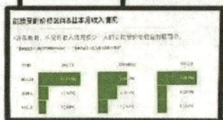

**用户调研：**

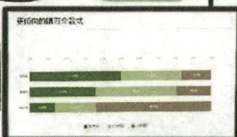

针对"买伞时能够接受的价格区间"问题调查，笔者将受调查者根据月收入情况分类为第一档"1000元以下"、第二档"1000到5000元"以及第三档"5000元以上"三类。其中，第一档收入群体中有70%左右的人倾向于购买50元以下的伞，18%的人愿意购买50元到100元的伞，只有12%的人会购买100元以上的伞。

**情境分析：**

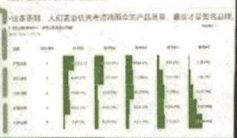

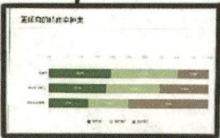

向阳而生

晴雨伞设计

转动示意图

**设计说明：**

这把伞将太阳能装置放在伞面上，并与伞骨转动结构相连接，领花处与伞扣处的小灯发射向日葵形状的光。伞柄上的按钮可以控制伞面，白天可根据使用者的需求调整朝向，以实现遮阳功能。到了夜晚，伞扣灯可以提供照明。

**三视图展示：**

Ø3

85

70

**产品痛点：**

避免了在炎热的天气下不得不长途跋涉时，人们需要不断移动伞的位置，来躲避紫外线的情况。同时小电筒的设计可以在夜间照亮道路，并提醒来往车辆行人，提高了夜间行路安全性。

**适用人群：**

游客　　　购物者　　　月光族

**草图构思：**

**仿生来源：**

根据观察与资料查阅，大部分向日葵会将花面朝向太阳开放，并随着太阳位置的移动而变换自己的朝向。本产品基于向日葵的这个特性，将伞面制作成向向日葵花般可以改变朝向，从而实现完美遮阳的效果。

夜晚工作　　　户外工作

夜场派对

图5-4　仿生向日葵智能晴雨伞设计方案展示图
（作者：王羚艺　彭诗涵　许海霖，指导教师：谢淑丽）

# 5.2　医疗健康类智能产品概念设计

## 5.2.1　概念救护车设计

随着我国经济的持续增长和人民生活水平的提升，救护车在现代紧急医疗服务（Emergency Medical Service，简称EMS）中扮演着不可或缺的角色，为患者提供安全高效的护理环境。然而，传统救护车设计在灵活性、人体工程学及对日益进步的医疗实践与技术的适应性方面存在诸多不足。本次设计课题提出的概念救护车融合了远程医疗、车路协同和人工智能等先进技术，以提升评估、监测及治疗患者的能力。通过运用人体工程学理论，优化医疗设备、药品和物资的合理布局。同时，内部采用模块化与集成化的设计，可根据不同紧急情况和患者需求进行灵活调整。为更好地满足现代紧急医疗服务需求，本课题通过研究救护车的发展历史和类型，结合现有技术和以患者为中心的设计理念，将这些元素融入概念救护车的外观设计中，旨在创造一个更智能、更人性化的紧急医疗救护平台。

### 5.2.1.1　可行性分析

概念救护车的设计深受社会、经济和文化等多重因素的影响，并直接影响了救护车的设计、建造和运营方式。在进行概念救护车设计时，对这些因素的综合考虑是确保设计方案可行性和有效性的关键。

① 社会背景分析：随着人口老龄化进程加快，慢性病发病率持续上升，人们对及时有效的急救护理需求日益增加。传统的救护车设计往往难以满足这一日益复杂的需求。因此，概念救护车设计需侧重优化患者护理，提升医护操作效率，并确保医护人员和患者的安全。例如，车辆内部应采用符合人体工程学的布局，优化设备和物资的摆放位置，以缩短医护人员在急救过程中的操作时间并减轻其疲劳感。同时，集成化的智能监测设备可以提供实时患者数据，辅助医护人员进行快速决策。

② 经济背景分析：在经济因素的影响下，救护车设计必须在成本效益和优质护理之间取得平衡。概念救护车应选用高效且耐用的材料，并考虑车辆的维护成本、燃油效率和整体运营效率。例如，可以采用轻量化车身设计以降低油耗，或配置电动和混合动力系统，以应对日益严苛的环保要求。车内模块化的设计不仅能减少维护成本，还能通过替换模块快速响应不同医疗需求。对于制造商和运营商来说，这样的设计有助于在控制成本的同时，提供高质量的紧急医疗服务。

③ 文化背景分析：概念救护车设计还

需考虑患者群体的多样性及其独特的医疗需求和文化偏好。为促进医护人员与不同文化背景患者之间的沟通和理解，救护车设计可以集成多语言沟通设备、文化适应性的急救指示和人性化的内部环境设置。结合患者的文化背景设计出更具包容性的车内环境，如配置隐私保护设施和人性化照明设施，可以有效提升患者的就医体验。

④ 技术可行性分析：概念救护车的实现离不开现代先进技术的支持。远程医疗技术的集成，使医护人员能够与医院进行实时通信和数据传输，提高了患者评估与治疗的精准性。车路协同技术的应用能够优化救护车的行驶路径，减少交通拥堵对急救效率的影响。此外，智能驾驶辅助系统的加入可以提高行车安全性，减轻驾驶员的压力。在设计阶段，需要针对各项技术进行充分的验证

与测试，确保系统的稳定性和可靠性。

⑤ 运营可行性分析：救护车的运营效率直接影响紧急医疗服务的整体效果。概念救护车的模块化设计不仅能够适应多样化的急救场景，还能简化设备的更换与升级过程，提升运营灵活性。此外，通过对车辆内外部设计进行优化，如采用高亮度警示灯、快速开启的车门和平稳的悬挂系统等设计，能够进一步提升救护车在紧急情况下的响应速度和整体运营效能。

概念救护车设计受到社会、经济和文化因素的复杂影响，需要综合考虑这些因素进行全方位的可行性分析。通过优化设计方案，提升患者护理质量，控制运营成本，并融合多样化文化需求，可以有效满足现代紧急医疗服务的复杂需求，为紧急医疗救护提供更安全、高效和人性化的解决方案。

## 5.2.1.2　设计理念

概念救护车的设计旨在应对现代紧急医疗服务的挑战，围绕人体工程学、以患者为中心的理念和可持续性三个核心设计理念，构建一个高效、安全、舒适且环保的紧急救护环境。以下是对各项设计理念的详细阐述：

① 人体工程学原理：在概念救护车设计中，人体工程学原理是提升护理效率和医护人员工作舒适度的关键因素。通过科学合理的内部布局设计，优化医疗设备、药品和急救用品的存储位置，使医护人员能够快速获取所需物资，缩短操作时间。此外，车辆内部配备符合人体工程学的座椅和工作台，能够有效减轻医护人员在急救过程中的压力

和疲劳，提高他们在紧张环境下的工作效率。特殊设计的操作空间和设备摆放角度还可以减少人员间的相互干扰，提高整体工作流程的连贯性和顺畅度。

② 以患者为中心的理念：概念救护车的设计以患者体验为核心，旨在提供一个安全、舒适的急救环境，以减轻患者在转运过程中的焦虑和不适感。为此，车辆内部配置了可调节的担架系统，能够根据患者的身体状况灵活调节角度和高度，提升搬运和护理的便捷性。同时，车内采用高效的温度控制系统，确保环境温度适宜，避免因温差引发患者不适。隔音材料的使用能够有效降低外界噪声对患者的影响，营造一个安

静的急救环境；配合柔和可调节的照明系统，进一步减轻患者的心理压力，为患者提供平静的氛围，优化整体急救体验。

③ 可持续性设计：在追求高效救护的同时，概念救护车设计高度关注环保和可持续发展。通过选用环保材料，降低车辆制造和使用过程中对环境的影响，如采用再生塑料、低排放涂料等。车辆照明系统采用节能LED灯具，减少能源消耗，并配合高效的电力管理系统，进一步提升电力使用效率。为实现能源自给，车顶配备太阳能电池板，通过吸收自然光为车载设备供电，减少对传统能源的依赖。这样的设计不仅降低了车辆的运营成本，也符合现代社会对绿色环保的要求，推动紧急医疗服务向更可持续的发展方向迈进。

④ 先进通信系统的集成：概念救护车配备先进的车载通信系统，支持医护人员与医院和其他医疗提供者实时沟通，确保患者信息及时传输，为后续治疗决策提供支持。通过与远程医疗系统的无缝衔接，救护车上的医护人员可以获得专家的

实时指导，提高患者救治的成功率。此外，车载系统还能与交通管理系统协同工作，优化行驶路线，减少因交通堵塞而耽误的急救时间。

⑤ 模块化与个性化设计：为了满足不同急救需求，救护车内部采用模块化设计，使各类急救模块可根据实际需要进行快速更换和配置。例如，在不同的急救场景中，可选择不同的医疗模块，如创伤急救、心血管急救、儿童急救等，确保车辆在多场景下的灵活适应性。个性化的内部设计，还可以根据患者情况进行定制调整，为不同病情的患者提供最优的救护环境。

此款概念救护车设计紧扣人体工程学、以患者为中心和可持续性三个核心理念，通过先进的通信系统、优化的设备布局、智能的调控功能和环保材料的使用，全面提升救护车在急救过程中对患者护理的有效性和医护人员的操作效率。设计旨在为现代紧急医疗服务提供更为贴近群众的救护解决方案，打造一个智能化、人性化、可持续的急救平台。

### 5.2.1.3　方案设计

#### （1）救护车痛点分析

对救护车市场的研究表明，由于人口增长、人口老龄化和城市化等因素，全球对救护车的需求不断增长，迫切需要转向更先进和专业的救护车，以满足不同患者群体的不同需求。通过分析国内外现有救

护车、CMF❶、环境及人性化元素，针对本次概念救护车外观造型设计，对现有救护车存在问题进行总结。

① 现有救护车大多是由一般的车型改装而成，车身过大，占用空间多，导致在交通拥堵的情况下无法快速通行；

② 救护舱内无用空间较大，占用车

---

❶ CMF是color、material、finish的缩写，译为颜色、材质、表面处理。

体较多空间；

③ 救护舱内设备摆放不合理，使用起来不够便捷；

④ 噪声环境、光环境和热环境需要改善；

⑤ 现有救护车车身图案的位置警示效果不够明显，彩色线条也没有反光效果，使救护车的可识别性降低；

⑥ 救护舱内医疗设备重合功能较多；

⑦ 无线通信设备功能较为单一，联络繁杂；救护车提供者需要迎合不同的患者群体，每个患者群体都有独特的需求，远程医疗、物联网连接、5G 技术的运用和自动化库存管理系统等先进技术的集成都有可能实现。

**（2）解决办法**

① 车路协同理论：智能车路协同系统（IVICS），简称车路协同系统，是智能交通系统（ITS）的创新发展方向。车路协同是采用先进的无线通信和新一代互联网等技术，全方位实施车车、车路动态实时信息交互，并在全时空动态交通信息采集与融合的基础上开展车辆主动安全控制和道路协同管理，充分实现人、车、路的有效协同，保证交通安全，提高通行效率，从而形成安全、高效和环保的道路交通系统。

② 车载一体导航仪优化：将现有救护车的车载导航和车载手台进行一体化设计，因大多数救护车的车载导航系统只能提供道路信息，而车载手台可提供信息实时共享与交互，将这两样进行一体化设计，就可以更大可能地节约空间与提高驾驶者的效率。

③ 空间集成化设计：调研发现，救护车副驾驶作用不大，取消副驾驶区域，扩大救护车内部空间，可使医护人员更方便操作。

④ 医疗设备模块化：由上述调研可知，有些医疗设备重合率较高，使功能较低的设备服从于功能较高的设备，可使整体医疗设备简约化、清晰化。

⑤ App 交互设计：以救护车、患者及其家属为"端"，5G 网为"管"，共同构建面向转运过程中病患生命体征监护数据信息实时收集、储存和资源共享的院前应急云网络平台（图5-5）。在现场救治过程及转运流程中整合融入远程高清视频录像。运用

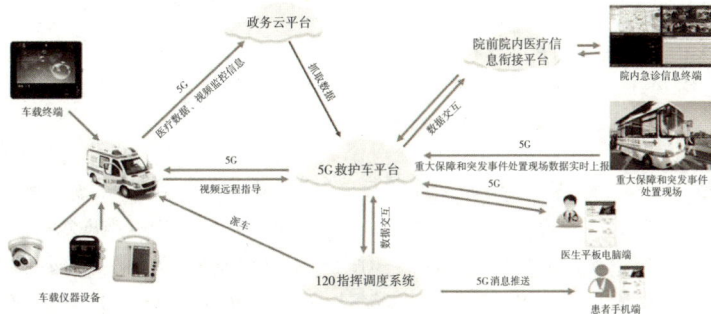

图5-5　以5G救护车平台为核心的App交互信息系统

5G、大数据分析、电子医保码、物联网等现代信息化技术，将院前急救过程与患者日常就诊、院内就医、院后康复等各环节有效衔接，使医护人员准确掌握患者在不同诊疗过程中的个人病史等信息，使传统的标准化信息与患者的医疗过程深度融合，从而激发各自更强大的潜能；系统可通过5G信息平台向求救人员的手机发送急救诊疗单、满意度调查表及转运过程中患者的生命体征监测数据等信息，便于患者家属及时了解相关情况，利于提升人民群众对急救的满意度。

**（3）设计流程图**

救护车设计流程，见图5-6。

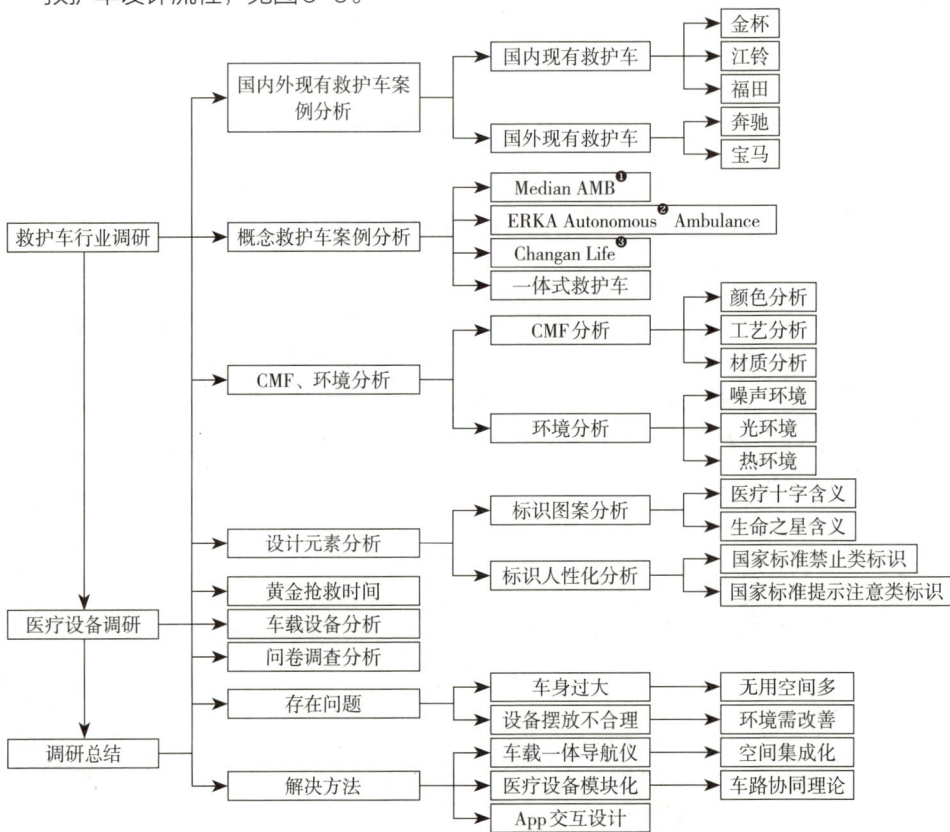

图5-6 救护车设计流程图

❶ Median AMB是一种创新的救护车设计，由韩国的设计师洪成焕、李亨泽、李泽京和宋裕珍提出。这种救护车可以在高速公路上通过中央分隔带（median）行驶，从而避开交通拥堵，快速到达事故现场。

❷ ERKA Autonomous Ambulance是一种未来的自动救护车设计，旨在通过减少交通拥堵来提高医疗紧急响应的效率。这款救护车由罗曼·伊格纳托夫斯基（Roman Ignatowski）——交通工业设计师和玛雅·布赖尼亚斯卡（Maja Bryniarska）——工程师、建筑师和工业设计师设计。

❸ Changan Life是指长安品牌倡导的生活方式、生活理念，涉及相关的产品、服务或文化。

**（4）方案场景图展示**

① 系列场景一：救护车场景图

场景设想：救护车穿梭在未来城市的街道上，争分夺秒地和时间赛跑（图5-7）。

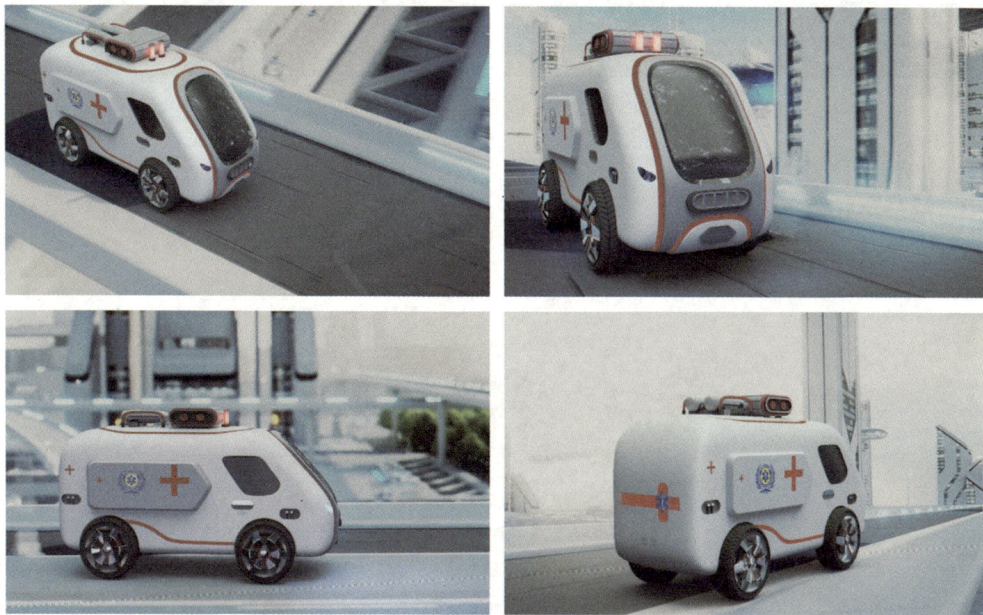

图5-7　救护车场景展示图（作者：税玉婷，指导教师：谢淑丽）

② 系列场景二：车路协同场景图

场景设想：救护车利用车路协同系统，采用先进的无线通信和新一代互联网技术，全方位实施车车、车路动态实时信息交互，开展车辆主动安全控制和道路协同管理，充分实现人、车、路的有效协同（图5-8）。

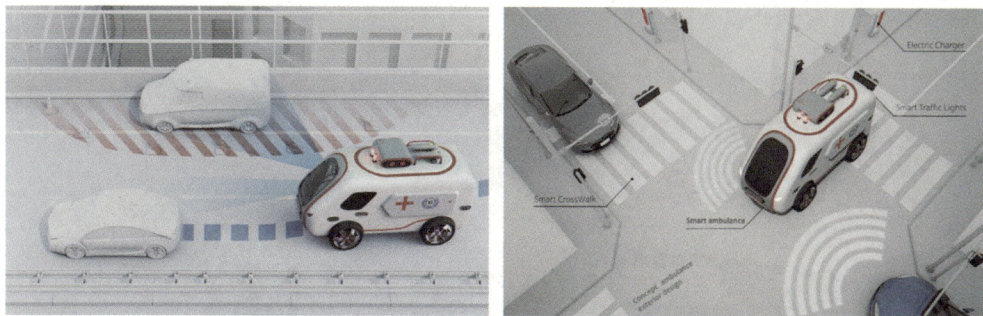

图5-8

图5-8　车路协同场景展示图（作者：税玉婷，指导教师：谢淑丽）

## （5）爆炸图展示

爆炸图展示，见图5-9。

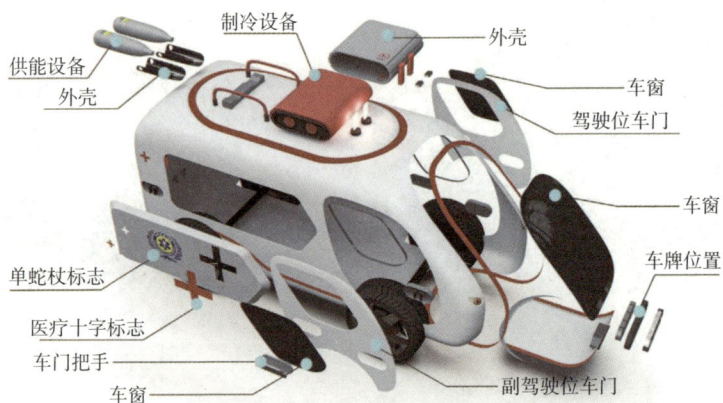

图5-9　爆炸图展示（作者：税玉婷，指导教师：谢淑丽）

## （6）内饰展示

救护车内饰展示，见图5-10。

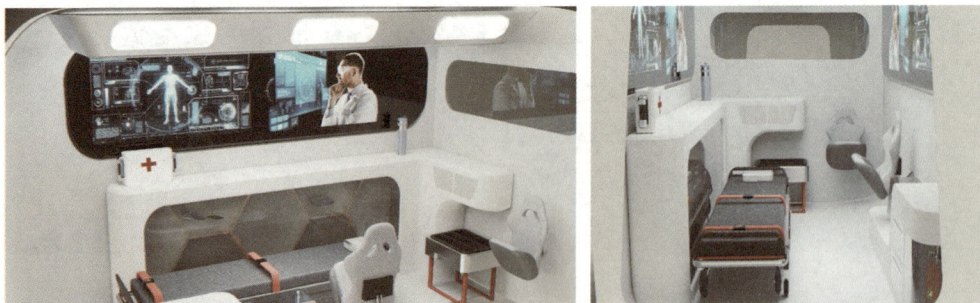

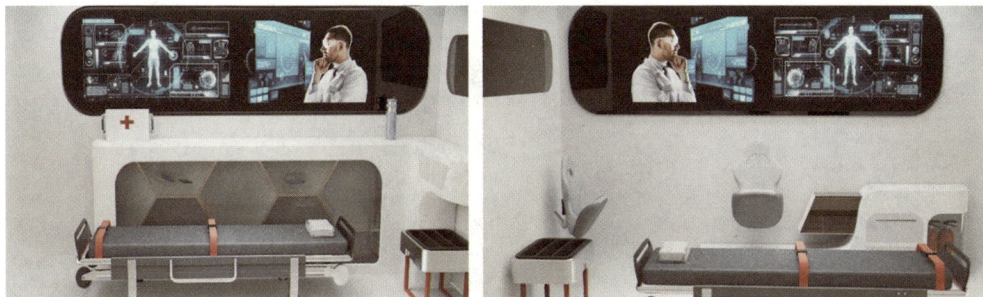

图5-10　救护车内饰展示图（作者：税玉婷，指导教师：谢淑丽）

## （7）方案展示图

救护车方案展示图，见图5-11。

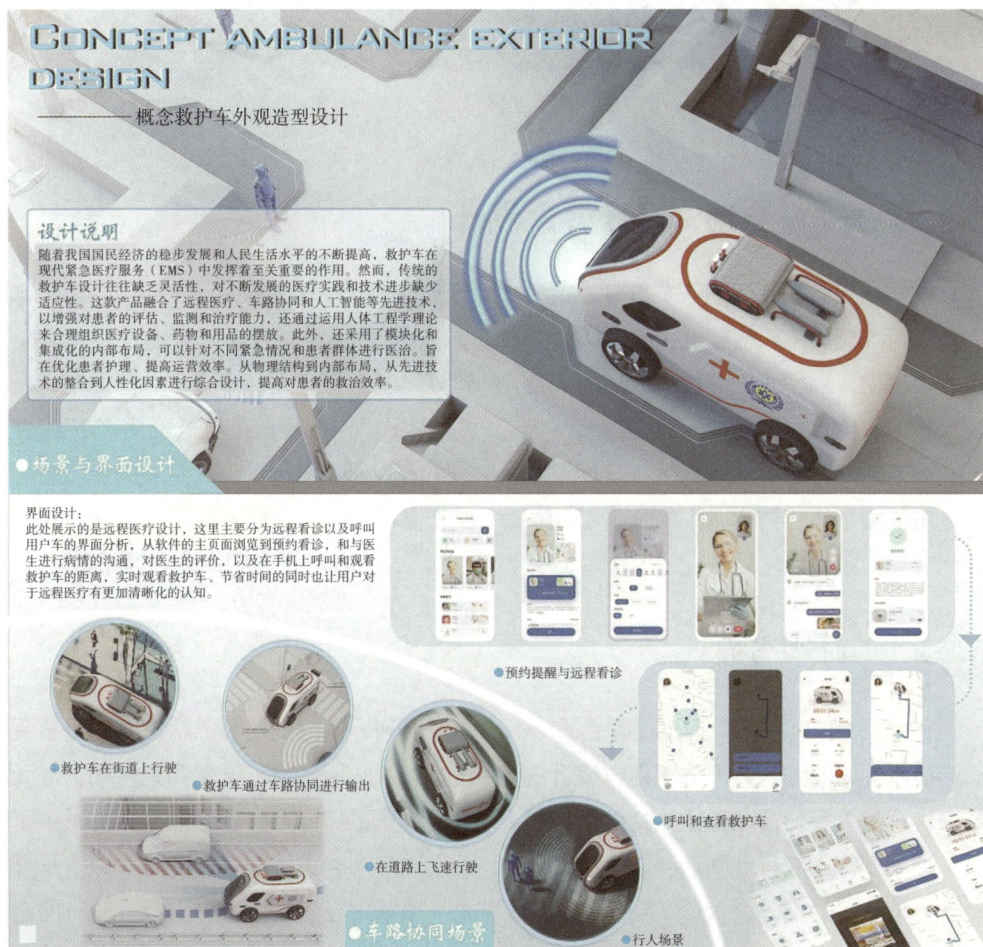

图5-11

图5-11　救护车方案展示图（作者：税玉婷，指导教师：谢淑丽）

## 5.2.2　微水·自动洗澡床概念设计

微水·自动洗澡床的开发是专为行动不便的特殊群体（如瘫痪者、老年人、病患等）提供一种创新、高效、舒适的清洁解决方案。微水·自动洗澡床旨在解决传统洗浴方式对行动不便者的困扰，通过结合先进的微水清洁技术、人性化设计和智能化控制，创造出一种便捷、安全、舒适的洗浴体验。其目标用户主要包括行动不便、长期卧床或需要辅助清洁的特殊群体，如瘫痪者、老年人、病患等，他们在传统的洗浴过程中常面临行动不便和难以自理的困境，因此微水·自动洗澡床提供了一种无需移动即可轻松实现全身清洁的解决方案，从而显著提升用户的生活质量。

### 5.2.2.1　可行性分析

微水·自动洗澡床是一款融合微水清洁技术、智能控制和人体工程学设计的革命性产品，专为行动不便的特殊群体设计，适用于床上或其他固定卧具上的清洁需求。该产品为难以进入传统浴室的用户提供便利，使他们在卧床状态下即可享受全方位的洗浴体验，无需频繁移动，从而大幅降低了护理人员的工作量，并减少了因移动带来的跌倒和受伤风险。以下从技术、市场、经济、用户体验及几个方面进行可行性分析：

① 技术可行性：微水·自动洗澡床采用微水清洁技术，将细密的水雾与温和的清洁剂结合，提供高效清洁。该技术在喷雾清洗、节水技术以及智能化控制方面已有成熟应用。因此，微水清洁系统、温控调节、智能干燥功能等技术已具备较高的成熟度。此外，智能化控制系统可以通过现有的传感器、智能芯片和控制面板集成实现，有效保障产品的技术可行性。

② 市场可行性：随着全球人口老龄化趋势加剧及慢性病患者数量增加，对高效护理产品的需求日益增长。微水·自动洗澡床为行动不便的老年人、瘫痪者及长期卧床的康复患者等提供了一种解决方案，市场潜力巨大。根据市场调研，家用医疗器械、护理产品及智能床的市场需求不断攀升，且消费者对智能化、便利化护理产品的接受度较高，产品设计契合市场需求，有望在养老机构、家庭护理、康复中心等多个场景获得广泛应用。

③ 经济可行性：微水·自动洗澡床的生产主要依赖于现有的微水清洁设备、智能控制系统和环保材料，这些元件的成本相对可控。随着智能设备制造成本的逐步降低和技术的普及，批量化生产能够有效降低单位成本。同时，该产品减少了传统洗浴过程中对护理人员的依赖，降低了护理成本，并为用户提供更安全、便捷的体验，具备良好的投资回报预期。未来，通过规模化生产、优化供应链和技术迭代，成本控制和经济效益将进一步提升。

④ 用户体验可行性：微水·自动洗澡床的设计充分考虑了用户的使用体验，采用人体工程学设计，确保用户在清洁过程中能够保持舒适姿态。智能化的操作系统使用户或护理人员能够轻松控制洗浴过程，减少了传统洗浴带来的复杂操作和移动风险。微水技术的温和清洁方式不仅保障了清洁效果，还能保护皮肤，避免因大量用水引发的不适。此外，自动干燥功能和可调节的温度控制有效提升了整体舒适度和使用体验，产品的实用性和便捷性将受到用户欢迎。

微水·自动洗澡床在技术、市场、经济、用户体验方面均具备较高的可行性。其设计紧扣特殊群体的清洁需求，结合微水清洁与智能控制技术，不仅能够提升用户的生活质量，还为护理工作带来便捷，有着广阔的发展前景和应用价值。

### 5.2.2.2　设计理念

微水·自动洗澡床是一款专为行动不便的特殊群体（如瘫痪者、老年人、病患等）设计的创新清洁产品，旨在通过便捷、高效和人性化的设计，为用户提供安全、舒适的清洁体验。其设计理念围绕便携轻巧、操作简便、安全可靠、多功能集成和隐私保护等核心特点展开，力求在满足用户实际需求的同时，提升用户的生活质量和护理体验。

① 便携轻巧与操作简便：微水·自

动洗澡床设计紧凑，易于携带和存放，方便用户随时随地使用。其操作简单易懂，无需特殊技能即可轻松操作，降低了用户的学习成本和操作难度。护理人员也可以在简单培训后轻松上手，大大降低了使用门槛。产品通过简洁的设计和直观的操作界面，使用户和护理人员能够无缝地进行清洁操作，确保清洁过程高效顺畅。

② 安全可靠与人性化关怀：产品在设计和制造过程中经过严格的安全测试，确保使用过程中安全无害。微水清洁系统采用温和的清洁技术，避免了传统用水带来的滑倒等风险，同时保护皮肤免受刺激。设计时深入研究目标用户的生活习惯和日常需求，确保产品能够贴合用户的实际需求。微水·自动洗澡床在提供基础清洁功能的同时，兼顾用户在卧床状态下的舒适度，关注细节的设计让用户感受到产品的人性化关怀。

③ 易于清洁和维护：微水·自动洗澡床的设计考虑到了行动不便人群的特殊需求，采用易于清洁的材料和简化的结构设计，减少了繁琐的清洁和维护步骤。护理人员无需费力拆卸复杂部件即可进行日常维护，极大地降低了产品的维护成本和使用难度。设计上的这一优化减轻了用户和护理人员的负担，使产品更适合长期使用。

④ 多功能集成与舒适体验：除基本清洁功能外，微水·自动洗澡床还集成了按摩、护理等额外功能，满足用户多样化的需求。按摩功能有助于促进血液循环，缓解用户长期卧床带来的不适感；而智能温控、可调节的水流强度等设计，则进一步提升了整体使用体验。多功能集成不仅丰富了产品的使用场景，还为用户提供了更为全面的护理服务，真正做到了"一床多用"。

⑤ 隐私保护与个性化定制：设计产品时充分考虑用户的隐私需求，为使用者提供足够的私密空间。设计可折叠的屏风或帘子，确保用户在使用过程中不会受到他人的干扰或窥视，为用户提供舒适且隐秘的使用环境。此外，产品还配备了声音控制功能，允许用户调整或关闭声音提示，减少使用时的尴尬和不适感，进一步体现了设计的细致入微。

微水·自动洗澡床的设计理念以人性化为核心，结合便携性、安全性、易用性和多功能集成，为行动不便的特殊群体提供了高效、舒适的清洁解决方案。通过深入研究用户需求和生活习惯，微水·自动洗澡床不仅提升了用户的使用体验，还为护理工作提供了极大便利，是一款兼具创新性与实用性的产品。

## 5.2.2.3 方案设计

### （1）自动洗澡床痛点分析

① 价格高昂：自动洗澡床相比传统淋浴设备，价格普遍较高，购买成本相对较大。根据市场数据，市面上自动洗澡床的售价通常在几千至几万元不等，显著高于传统淋浴设备，成为用户购买的一大阻碍。

② 技术门槛较高：自动洗澡床采用先进技术，功能和操作较为复杂，对于不熟悉现代科技的用户而言，学习和使用可能存在难度。这类设备需要用户具备一定的科技知识和操作技能，提高了使用的门槛。

③ 对水压依赖性强：自动洗澡床的工作效果受水压影响较大。若供水不足或不稳定，可能导致设备无法正常工作或性能下降。不同地区的水压状况各异，因此设计时需充分考虑这一因素，以确保设备在各种环境下都能稳定运行。

④ 安全性隐患：自动洗澡床在使用过程中可能存在安全隐患，如水流冲刷力度过大导致身体不适，或水进入耳鼻等部位引发不适。尽管在设计时考虑了用户的安全和舒适性，但在实际使用中仍可能出现意外情况。

⑤ 定制化程度不足：目前市面上的自动洗澡床在个性化需求方面还有待提升。不同用户的洗澡习惯和需求各不相同，但现有产品在功能和设计上难以完全满足所有用户的多样化偏好。

⑥ 维护和保养成本高：自动洗澡床需要定期维护和保养，以确保其正常运行并延长使用寿命，这会增加用户的使用成本。维护和保养往往需要专业知识和技能，同时，定期更换配件和维修服务也会增加用户的经济负担。

## （2）CMF构想

微水·自动洗澡床的CMF构想，见表5-2~表5-4。

### 表5-2　CMF构想——颜色

| 项目 | 内容 | 特点描述 |
| --- | --- | --- |
| 主要颜色 | 白色、黑色、灰色 | 选用简洁而现代的色彩组合，营造专业、整洁的设备外观 |
| 美观性 | 灰色、蓝色 | 这些颜色能够体现简约现代的设计风格，使设备看起来更专业且富有科技感 |
| 清洁度 | 白色、灰色 | 白色和灰色在视觉上易于保持洁净，有助于减少表面污渍，保证设备使用的卫生条件 |
| 易于识别 | 红色、黄色 | 在医疗环境中，这些颜色可帮助医护人员快速定位设备及其功能，提高操作效率 |
| 耐用性和寿命 | 白色、黑色、灰色 | 白色、黑色和灰色这类颜色耐用且不易褪色，能承受频繁的清洁与消毒，以保持设备的外观和功能持久稳定 |

### 表5-3　CMF构想——材料

| 材料 | 特点描述 | 适用性 |
| --- | --- | --- |
| 不锈钢 | 具有良好的耐腐蚀性和高强度，适用于复杂环境下长期使用，如潮湿和高温环境 | 适合用于医疗设备的构件和外壳，保证仪器稳定运行 |

| 材料 | 特点描述 | 适用性 |
|---|---|---|
| 塑料（医用级） | 具备优良的耐化学腐蚀性和生物相容性，轻质且易于加工，耐受各种清洁剂且对皮肤无刺激 | 适合用于仪器的外壳、按钮和其他非结构性部件，提高生产的灵活性 |
| 橡胶（医用级） | 具有优良的弹性和密封性能，能防止水渗漏，耐磨且耐腐蚀，适用于水流管道等部件 | 适用于需要密封、防水及耐磨的部件，如接缝、软管和垫圈 |
| 抗菌涂层材料 | 能有效抑制细菌生长，降低感染和交叉感染风险，确保设备在使用中的卫生状态 | 适用于设备表面，尤其是高频接触部位，提升设备的卫生性能 |
| 防水材料 | 有效防止水分渗透，保护内部电路和元器件，确保设备在接触水时仍能稳定运行，提高安全性和可靠性 | 适用于需防水的部分，如外壳、密封条和电子元器件的保护层，确保设备安全稳定运行 |

### 表5-4　CMF构想——工艺

| 工艺类型 | 适用材料 | 工艺特点 | 考虑因素 |
|---|---|---|---|
| 金属加工工艺 | 不锈钢 | 采用精确的切割、折弯、焊接等工艺，确保结构稳固，适合不锈钢的高强度和耐腐蚀性特点 | 不锈钢的高强度和耐腐蚀性，需要精密加工来保障结构的稳定性和精度 |
| 注射成型工艺 | 医用级塑料 | 利用注射成型技术大批量生产，确保部件精度和一致性，具备医用级塑料的成型性优势 | 医用级塑料具有良好的成型性和生物相容性，注射成型可实现高效生产和精确控制 |
| 橡胶成型工艺 | 医用级橡胶 | 通过模压和硫化等工艺加工橡胶部件，确保其弹性和密封性能，适合用于水流管道等部件的制造 | 橡胶的弹性和密封性需要专门的模压、硫化等工艺，以确保部件的密封效果和耐用性 |
| 涂层工艺 | 抗菌涂层材料 | 涂层工艺确保抗菌材料均匀覆盖在关键部位，提升设备的抗菌性能和使用寿命 | 涂层需均匀分布于设备关键部位，确保抗菌效果和设备的持久卫生性 |
| 防水处理工艺 | 各类防水材料 | 通过密封处理和防水涂料喷涂，保护设备内部电路，确保设备在接触水时依然保持内部干燥 | 防止水分渗透的关键是密封性和涂层的耐久性，保证设备的安全性和可靠性 |
| 组装工艺 | 各种部件 | 使用螺栓、卡扣等连接方式，确保部件之间的配合精度，保证仪器整体的稳定性和可靠性 | 确保各部件之间的精准配合和可靠连接，以维持设备的稳定性能 |
| 清洁和消毒工艺 | 所有材料 | 严格遵守医疗器械的卫生标准，采用适当的清洁和消毒措施，保证生产过程中产品的卫生状况 | 需满足医疗器械高标准卫生要求，确保产品在生产过程中的洁净与安全 |

**（3）方案细节详图**

微水·自动洗澡床的方案细节详图，见图5-12。

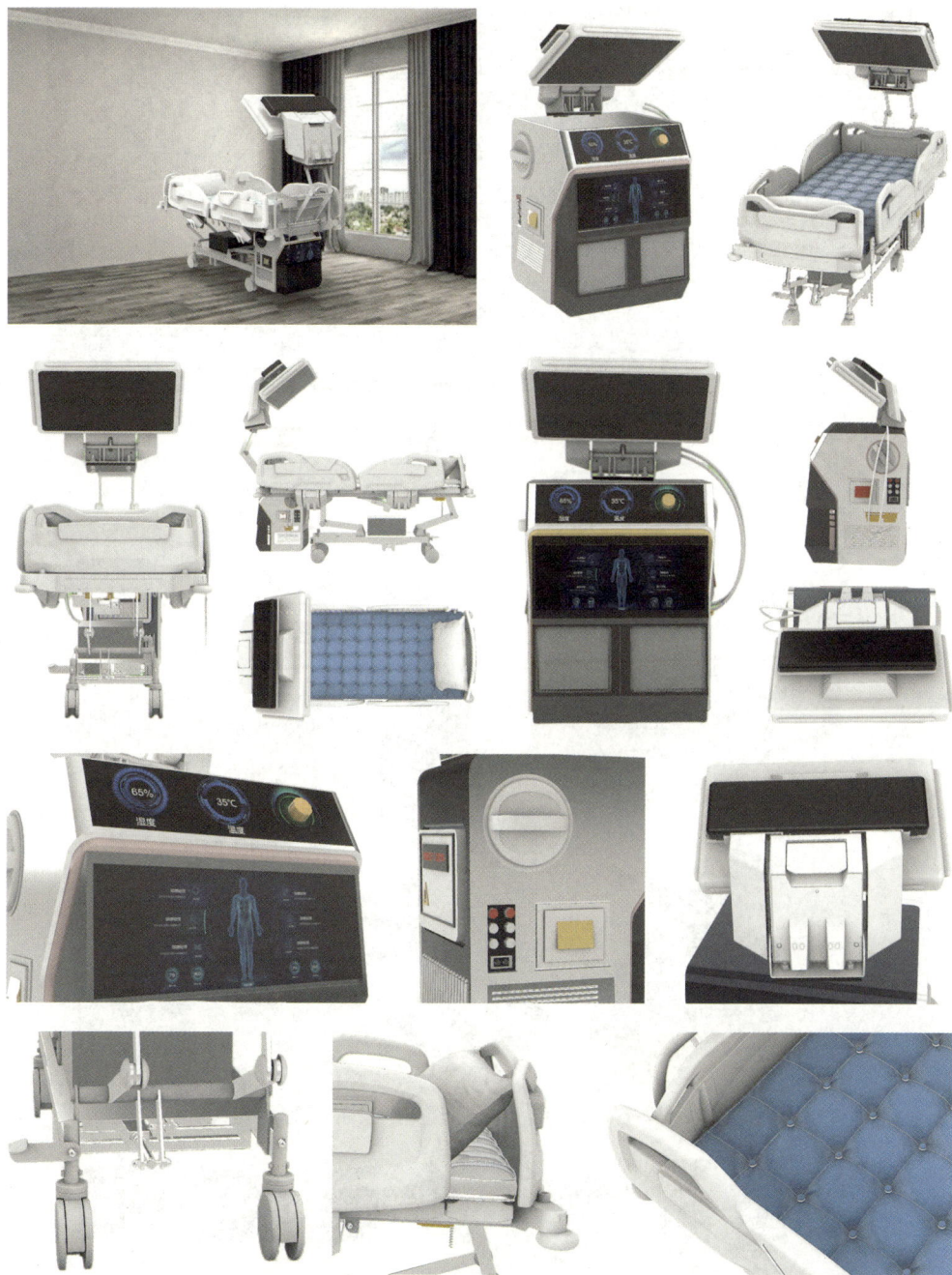

图5-12 微水·自动洗澡床方案细节详图（作者：赵知合 曾婷 杨春花，指导教师：谢淑丽）

## （4）方案展示图

微水·自动洗澡床方案展示图，见图5-13。

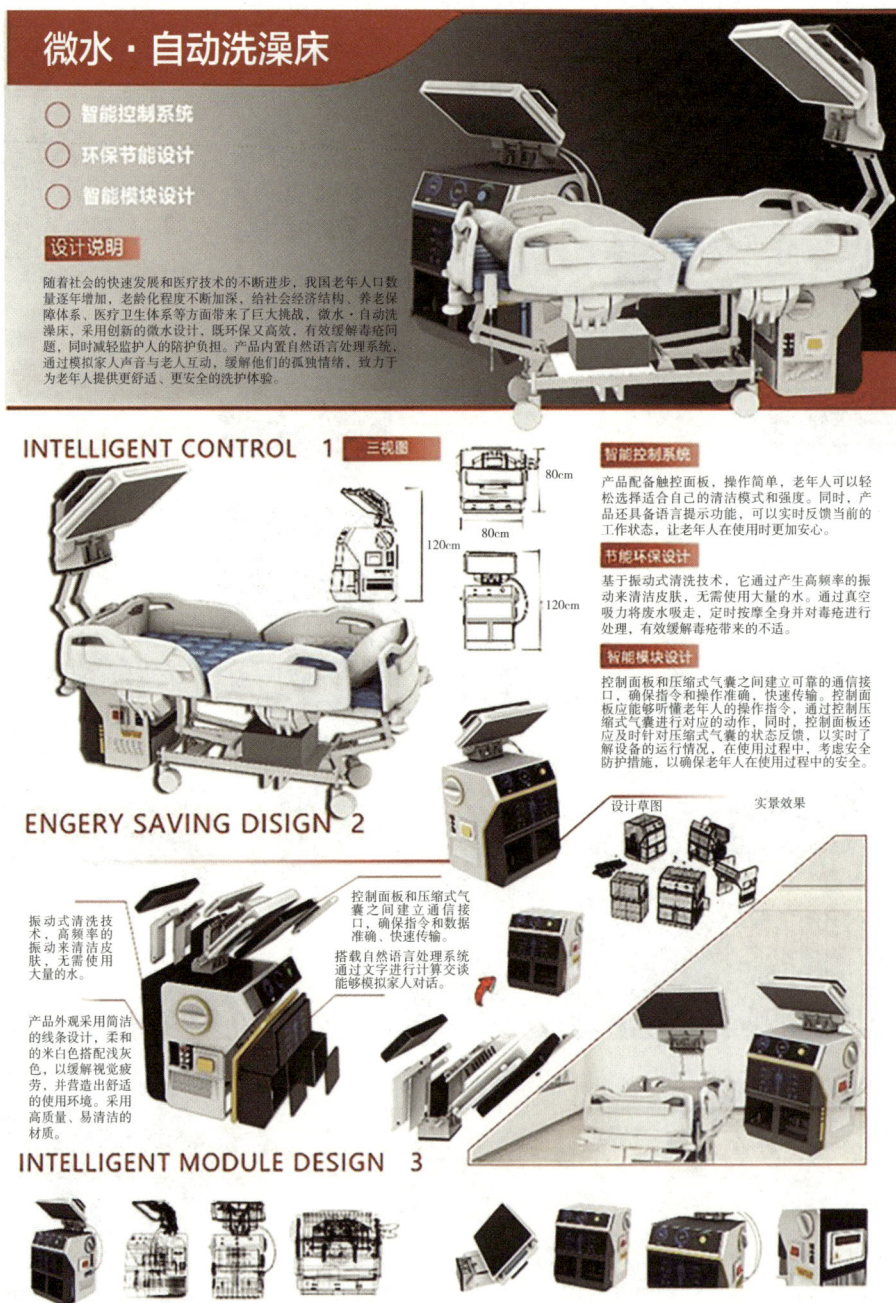

图5-13 微水·自动洗澡床方案展示图（作者：赵知合 曾婷 杨春花，指导教师：谢淑丽）

# 5.3　装备类智能产品概念设计

## 5.3.1　森林火灾救援设备——无人侦察车设计

森林火灾是一种严重的自然灾害，不仅对生态环境造成毁灭性影响，也对人类社会构成重大威胁。近年来，随着全球气候变化加剧和人类活动扩张，森林火灾的发生频率和规模不断上升，成为当今社会面临的严峻挑战之一。应对森林火灾，不仅需要依靠人员的勇敢与技术支持，更需要高效、可靠的消防救援设备作为重要保障。消防救援设备在灭火过程中发挥关键作用，直接影响救援人员的安全和灭火效率。然而，传统的消防设备在应对复杂多变的森林火灾环境时已显现出明显局限性。例如，在山区或密林等地形复杂区域，传统消防设备难以迅速展开作业；面对各类崎岖的山地地形，传统灭火方法也难以有效覆盖大面积火灾。因此，为更有效地应对森林火灾，研发创新的消防救援设备成为必然需求。

通过探讨森林火灾消防救援设备的设计与应用，分析和评估现有消防设备的性能和局限，结合最新科技与工程技术，提出创新的设计理念和解决方案。这些创新方案包括智能监测与预警系统、高效无人自动巡航灭火系统、防火设备与护具，以及先进的火场应急通信设备等，为全面提升消防救援能力提供技术支撑。通过对现有设备的改进和创新设计，旨在为森林火灾防控工作提供更加有效和可靠的支持，推动森林火灾救援装备的现代化、智能化发展。这不仅有助于提升灭火效率和救援人员的安全保障，还将为保护生态环境和人类社会安全作出积极贡献。

### 5.3.1.1　可行性分析

森林火灾是指发生在森林等自然环境中的火灾现象，具有突发性和破坏性，会迅速蔓延并造成严重的生态和经济损失。气候变化和人类活动等因素使得森林火灾频发，对社会、生态和经济造成多重影响。面对这一严峻挑战，传统的消防设备和灭火手段已显现出不足。因此，开发创新、高效的森林火灾救援设备成为应对火灾的重要方向。以下是对森林火灾救援设备设计的可行性分析。

① 社会需求推动创新设计：森林火灾严重干扰社会生活，引发社会不安、经济损失等一系列问题。随着经济发展和社会转型，人民对生命财产安全的关注度不断提升，需要更高效、智能的消防设备来应对日益复杂的火灾形势。现代社会对消

防救援产品的需求不断增加，这为新型产品的研发提供了广阔的市场空间。

② 生态保护的紧迫性：森林作为生态系统的重要组成部分，火灾对其造成的破坏是长期且不可逆的，如土壤侵蚀、水土流失和生物多样性丧失等。保护森林资源是实现生态平衡和可持续发展的关键。因此，救援设备需要满足火灾监测、快速响应和精准灭火的需求，开发更加智能化、精准化的装备，以尽量减少生态损失。

③ 经济损失倒逼技术升级：森林火灾不仅毁坏森林资源，还影响相关产业如木材生产、旅游业等。火灾造成的房屋、基础设施损坏需要高昂的修复成本，为避免这些后果迫切需要对救援设备进行技术升级。创新的救援设备可以降低火灾损失，通过自动化、无人化技术实现更高效的灭火作业，减少经济损失。

④ 全球火灾频发催生技术创新：近年来，美国、加拿大、俄罗斯等地频繁发生大规模森林火灾，火灾数量和受灾面积显著上升，这些国家在应对火灾的过程中不断探索研发新型消防救援设备，如无人机监测、灭火机器人等，取得了显著效果。这种趋势为我国的森林火灾救援设备的设计提供了宝贵的经验，推动了设备的创新研发。

⑤ 智能化、无人化设备是发展趋势：现代科技的发展为森林火灾救援设备设计提供了新的技术支撑。无人机、无人车、智能灭火弹、热感应探测器、AI数据分析系统等智能化、无人化设备能够实时监测火情、精准打击火源并辅助决策，大幅提升救援效率。新型救援设备不仅能够快速响应，还能减少人力投入和人员风险，符合当今火灾救援设备的智能化发展趋势。

⑥ 多功能集成和模块化设计：森林火灾救援产品的设计需强调多功能集成和模块化，以适应复杂的火场环境。产品可以集成灭火、救援、通信、监测等多种功能，通过模块化设计方便组合与升级，满足不同火灾场景的需求。这种灵活性设计能够显著提升救援装备的适用性和实用性。

⑦ 环境适应性与耐用性：森林火灾环境复杂多变，救援设备应具备良好的环境适应性和耐用性。设备需要在高温、强风、烟雾和复杂地形下保持稳定工作。材料选择上应强调耐高温、防腐蚀和轻便性，保证设备在恶劣条件下的可靠性。

结合对森林火灾影响的分析，设计创新型森林火灾救援设备具有显著的可行性和迫切性。通过应用智能化、无人化、多功能集成的设计理念，结合先进的科技和工程技术，可以为森林火灾的防控和救援提供更加高效、可靠的解决方案，满足当今社会对森林防火的高标准需求，推动森林防火工作的现代化、智能化发展。

### 5.3.1.2 设计理念

森林火灾救援无人侦察车专为应对森林火灾快速蔓延、受灾面积广和救援难度大的挑战而设计。森林火灾的突发性和破坏性使得被困人员的处境十分危险，且消防员难以及时开辟隔离带。为此，该无人侦察车将现代科技与多功能设计相结合，提升救援效率和安全性，具体设计理念如下：

① 适应性强的底盘设计：无人侦察车的底盘采用了运动轮与履带相结合的结构，极大地增强了车辆在森林火灾中的通过能力，能够在复杂、崎岖的山地和密林环境中顺畅运行。这一设计保证了车辆能够快速接近火场，提供前线支援，同时有效规避地形对救援行动的影响。

② 高效灭火辅助功能：车顶配备高压喷头，能够喷射化学阻燃剂，在火场边缘消灭火源、降低火灾强度，并辅助消防员开辟隔离带。通过对火场的快速控制和精准喷洒，阻燃剂能够有效遏制火势蔓延，为救援行动赢得宝贵时间。无人侦察车可作为消防员的前线辅助工具，提升灭火效率并降低人员暴露在高危环境中的风险。

③ 应急物资支持：无人车内部设计有物资舱，储存各类应急救援物资，如饮用水、急救包、防护装备等，供消防员和被困人员使用。这一功能让救援人员能够在火场中及时获取必需资源，保障救援行动的持续性和安全性，也为被困者提供基本的生存支持，极大地提高了现场应急救援的灵活性。

④ 智能检测与预警系统：车载的定位系统和智能检测预警系统可实时监测火情变化，将数据传输至消防指挥中心，并通过车头显示装置实时预警。这一系统不仅能为消防员提供准确的火情信息，优化救援决策，还能为被困人员指引最佳逃生路线，减少被困者的恐慌，提高逃生成功率。

森林火灾救援无人侦察车的设计理念融合了多功能性、智能化和适应性的特点，符合当今救援设备向自动化、智能化发展的趋势。通过对火场的实时监测、快速灭火辅助和救援物资支持，侦察车能够在复杂多变的森林火灾环境中提供高效可靠的救援服务。其设计不仅关注灭火效率的提升，还考虑到救援过程中的人员安全和资源优化利用，为未来森林火灾的智能化、精准化防控提供了创新解决方案。

### 5.3.1.3 方案设计

**（1）森林火灾救援产品设计现状痛点分析**

① 设备适应性不足

问题描述：当前市场上的许多救援设备在设计时主要考虑城市环境，未能有效应对复杂的森林地形。传统设备如手持灭火器、消防车和泵站，在崎岖的山地、密林等环境中运作困难，限制了其在火灾现场的应用效果。

影响：设备在森林火灾的复杂地形中表现不佳，导致救援效率低下，无法及时接近火源，增加了救援人员的危险和火灾控制难度。

② 技术水平滞后

问题描述：许多现有的消防设备和技术还停留在传统水平，缺乏智能化和自动化功能。传统设备依赖人工操作，对火场信息的获取和响应速度有限。

影响：技术水平滞后导致在面对大规模火灾时，无法迅速获取实时数据、预警和准确指引，降低了救援效率和效果。

③ 物资支持不足

问题描述：现有的救援产品在提供现场应急物资支持方面功能有限。缺乏足够的物资存储和管理系统，不能及时供应足够的救援物资和资源。

影响：物资支持不足影响了救援行动的持续性，可能导致救援人员和被困人员缺乏必要的生活和急救物资，增加了救援难度和风险。

④ 环境适应性问题

问题描述：现有设备在极端气候条件下（如高温、干燥风、暴雨等）表现不佳。例如，传统灭火器可能无法在高温或强风下有效工作。

影响：环境适应性差限制了设备的使用范围和效果，影响了火灾扑灭的效率和安全性。

⑤ 数据处理和通信能力不足

问题描述：许多设备缺乏高效的数据处理和通信功能，无法实时同步火场数据和预警信息。现有的通信系统可能受到火灾烟雾、地形等因素的干扰。

影响：数据处理和通信能力不足导致信息传递不及时，影响了决策的准确性和救援的协调性，延误了救援行动。

⑥ 培训和操作难度

问题描述：现有的许多消防救援设备操作复杂，对操作人员的培训要求高。技术门槛高可能导致设备使用不当或救援效率降低。

影响：设备的操作难度增加了培训成本，也可能影响救援现场的操作效率和安全性。

总之，当前森林火灾救援产品设计面临多方面的问题，包括设备适应性不足、技术水平滞后、物资支持不充分、环境适应性差、数据处理和通信能力不足，以及操作培训难度高。这些问题共同影响了救援工作的效率和效果，需通过创新设计、技术升级和系统整合来解决，以提升森林火灾救援的整体能力和响应速度。

（2）方案细节详图

无人侦察车设计细节图，见图5-14；无人侦察车工作原理，见图5-15。

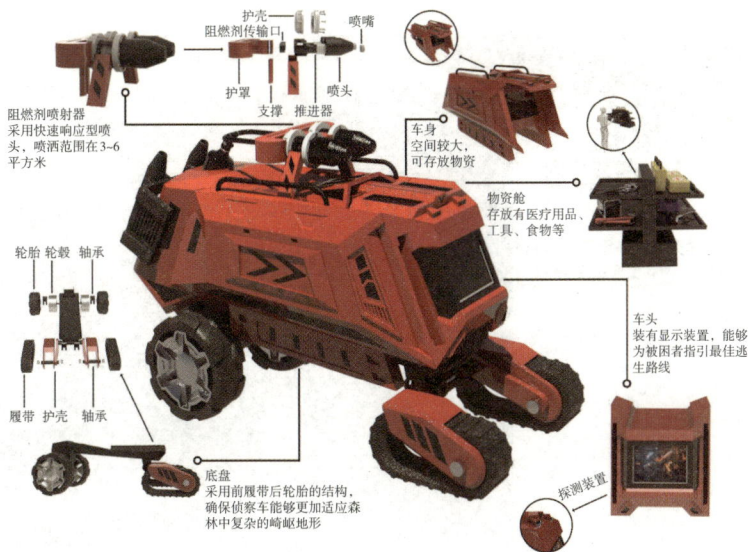

图5-14　森林火灾救援产品——无人侦察车设计细节图
（作者：李海林，指导教师：谢淑丽）

到达火灾现场后，履带与运动轮组合使侦察车可跨越不同地形，通过定位和智能检测系统，将火灾实景同步给消防员。在侦察过程中遇到被困者时，可以通过车头的显示系统将火灾情况以及最佳的逃生路线提供给被困者。此外被困者还可以打开侦察车两侧车门，从里面拿取急需物资。侦察车还可以在火灾初期与消防员一起或是在巡查过程中遇见余火时，通过顶部喷射装置喷射阻燃剂，快速灭火。

图5-15　森林火灾救援产品——无人侦察车工作原理
（作者：李海林，指导教师：谢淑丽）

**（3）方案展示图**

无人侦察车设计方案展示图，见图5-16。

**森林火灾救援**
**—无人侦察车**
FOREST FIRE EMERGENCY RESCUE VEHICLE

| 智能 | 化学灭火 | 物资舱 | 救援 |
—及时救援，让所有生命都受到保护

● **设计说明**
此款森林火灾救援无人侦察车是针对森林火灾发生时，由于森林火灾蔓延速度快、面积广、被困者处境危险和消防员难以及时开辟隔离带而进行设计的。此款侦查车的底盘采用运动轮与履带组合的结构，能够极大地适应崎岖的山地环境。顶部有高压喷头，能够喷射化学阻燃剂辅助消防员开辟隔离带；内部有物资舱，存放有应急救援物资，供消防员与被困者使用；另外侦察车装配有定位和智能检测与预警系统，能够与时将实时情况同步发送给消防员以及车头部的显示装置，指引最佳逃生路线将被困者救出

图5-16　森林火灾救援产品——无人侦察车设计方案展示图（作者：李海林，指导教师：谢淑丽）

## 5.3.2　基于四川地区的智能果园农药喷洒无人机设计

基于四川地区的智能果园农药喷洒无人机的开发，旨在优化设计以实现高效作业，同时最大限度地减少对环境和农药喷洒者的负面影响。随着四川地区果园种植规模的扩大，传统的人工喷洒方式不仅效率低下，而且对农药喷洒者的健康存在潜在风险。智能果园农药喷洒无人机通过精确定位和智能化控制系统，可以显著提升喷洒效率，降低劳动强度，并减少农药的过量使用。通过结合四川地区果园的实际需求，合理考虑农药喷洒无人机的设计、开发和对环境的影响，可以为果园管理提供一种安全、高效和环保的农药喷洒解决方案。这不仅有助于推动智能农业的发展，还为果园病虫害防治提供了更科学、更可持续的途径。

### 5.3.2.1　可行性分析

我国作为一个拥有庞大人口和广阔农业资源的国家，植被防护是保障粮食产量和稳定性的关键，也是国家高度关注的问题。在农业生产中，杂草、害虫等问题严重影响作物产量，因此，果园植被防护成为提升果树产量和品质的重要环节。农药

喷洒无人机逐渐成为防治果树病虫害的主流技术之一，与传统农药喷洒方式相比，这种创新技术在多方面具有显著优势。设计课题从社会背景、经济背景、文化背景三个方面，对基于四川地区的智能果园农药喷洒无人机的可行性进行分析。

① 社会背景：四川作为我国主要的水果种植区之一，面临着果树病虫害防治和食品安全的双重挑战。近年来，公众对食品安全和环境保护的关注度不断上升，传统的农药喷洒方式如人工喷洒和拖拉机挂载喷洒，常常导致农药残留超标，不仅威胁消费者健康，还对环境造成污染。在这一背景下，智能果园农药喷洒无人机为应对这些问题提供了理想的解决方案。农药喷洒无人机减少了农药喷洒者直接接触农药的风险，避免了传统方式可能引发的健康问题，同时通过精准控制和智能化管理，减少了农药使用量，降低了环境污染。这种新技术的应用契合了社会对食品安全和环境保护的迫切需求。

② 经济背景：随着四川地区果树产业的升级和消费者对高品质水果需求的不断提升，经济驱动着果园管理向更加精细化和高效化发展。农药喷洒无人机可以显著提升果树病虫害防治效率，通过精准喷洒和智能监控，减少因病虫害造成的产量损失，提高果品质量，进而增加果农的收益。农药喷洒无人机的使用还可以有效降低运营成本。首先，它减少了杀虫剂和化肥的使用量，降低了购买成本；其次，通过精准施药，减少了农药浪费；此外，自动化操作大幅降低了劳动力需求，节省了人力成本。对于以小型家庭果园和中小规模果园为主的四川地区而言，采用智能果园农药喷洒无人机有助于在控制成本的同时提升果园管理效率。

③ 文化背景：四川地区的果农正逐渐从传统农业向现代化、智能化农业转型，尤其是年轻一代的果农对新技术的接受度更高。他们更愿意采用智能化设备来提升农业生产效率，并减少环境负担。智能果园农药喷洒无人机的应用正是这一转变的缩影，代表了果农对创新技术的积极态度。同时，消费者对于农业产品的期望也在变化，他们更倾向于选择绿色、环保的农产品。农药喷洒无人机的使用减少了对环境的影响，符合当今消费者对可持续农业的要求。因此，农药喷洒无人机的推广应用不仅迎合了果农对效率提升的期待，也满足了市场对高质量农产品的需求。

基于四川地区的智能果园农药喷洒无人机的设计和应用，反映了社会、经济和文化的多重需求。这项技术为果园管理提供了一种更安全、更精准且更具成本效益的解决方案。尽管目前仍处于推广应用的初期阶段，但随着技术的不断发展和果农技术水平的提升，智能果园农药喷洒无人机有望成为未来农业病虫害防治的主流工具。为确保这项技术在四川地区的顺利推广，有必要为果农提供相应的技术培训和支持，同时充分考虑本地社区的文化需求和价值观，以实现智能果园管理的全面升级。

## 5.3.2.2　设计理念

基于四川地区的智能果园农药喷洒无人机旨在为果园作物保护提供高效、精准、环保的解决方案，提升果树病虫害防治的效果，减少对环境和农药喷洒者的负面影响。设计理念以智能化、环保性和用户体验为核心，融合先进的技术和符合当地环境的美学设计，推动果园管理的现代化和可持续发展。

① 智能高效的喷洒系统：农药喷洒无人机采用轻量化、结构紧凑的设计，适合在四川多山、地形复杂的果园环境中操作。配备先进的喷洒系统，通过精确控制将农药喷洒到目标区域，实现精准施药，减少农药用量和环境污染。集成的传感器和高精度绘图技术，能够实时监测果树健康、虫害分布及其他影响产量的因素，为果农提供科学的数据支持，优化作物管理决策。

② 人性化的操作与控制：该农药喷洒无人机可以通过手机远程控制，操作简便，易于上手。用户能够对农药喷洒无人机进行编程设置，使其沿特定飞行路径自动喷洒，并根据需要调整喷洒速率。设备设计了低电量自动返回充电桩功能，续航时间达30分钟，确保能在单次飞行中覆盖四川地区果园的大面积区域，提高工作效率。

③ 环保安全的技术保障：农药喷洒无人机配备了障碍物检测传感器、自动返航和紧急关闭等多重安全机制，避免与果树和其他障碍物发生碰撞，最大限度降低对作物和操作人员的风险。同时，设计注重减少对环境的干扰，保障喷洒过程中对空气和水源的最小污染，实现农药喷洒与生态保护的平衡。

④ 环境友好的外观设计：农药喷洒无人机的外观设计注重与果园自然环境的和谐融合，考虑了尺寸、形状和颜色，以减少对野生动物栖息地的干扰。设计不仅满足功能需求，还要具备视觉吸引力，提高产品的市场竞争力。外观设计坚持尊重自然的理念，以环保材料和低调的色彩方案融入四川果园的自然景观，减少视觉上的突兀感，体现环保与实用的完美结合。

基于四川地区的智能果园农药喷洒无人机以智能化、高效性和环境友好为设计理念，助力果园病虫害防治的现代化升级。通过先进的喷洒和检测技术，无人机实现了对作物的精准保护，减少农药使用对环境的影响，同时提高了果农的工作效率。整体设计从操作便捷性、安全性和外观美学出发，确保无人机能够融入果园环境，并为农民提供可靠的果树保护解决方案。

## 5.3.2.3　方案设计

### （1）基于四川地区的智能果园农药喷洒无人机设计痛点分析

智能果园农药喷洒无人机在四川地区果园的应用逐渐增多，为农作物病虫害防治提供了现代化解决方案。然而，在实际应用中仍面临诸多挑战和痛点，需要在设计和技术方面加以改进，以提升无人机的整体性能和用户体验。以下是对基于四川地区智能果园农药喷洒无人机设计的现状痛点分析。

① 喷洒精度与效率有限：当前的农药喷洒无人机的喷洒系统存在精度不高的问题，容易出现喷洒不均匀和覆盖不足的情况。有效载荷有限，单次作业面积较小，需要多次飞行才能覆盖整个果园，导致作业时间延长和工作效率降低。这不仅增加了农药用量和喷洒成本，还可能导致部分区域药效不足，影响防治效果。

② 环境与健康风险：无人机在喷洒农药过程中，喷雾漂移是一个突出的环境问题。风力、气候条件和地形等因素会影响喷洒的精准度，导致农药漂移至非目标区域，污染环境或危害附近的野生动植物。同时，操作员在装载和维护农药喷洒无人机时，存在直接接触农药的风险，威胁人类健康，这对安全性提出了更高的要求。

③ 高维护与运营成本：农药喷洒无人机设备的复杂性和高精尖的传感器系统，使得维护和运营成本较高。零部件易损坏且更换成本昂贵，给果农带来较大的经济负担。此外，农药喷洒无人机的操作和维护需要一定的专业技能，操作员的培训和设备保养进一步增加了使用成本，影响了技术的普及和推广。

④ 对复杂地形的适应性不足：四川地区的果园大多分布在丘陵和山地，地形复杂，地势起伏较大，农药喷洒无人机在这些条件下的飞行稳定性和导航精度较差。复杂的地形不仅影响农药喷洒无人机的飞行路线规划，还可能导致导航误差和障碍物碰撞，限制了农药喷洒无人机的实际应用效果。

⑤ 用户体验与操作简便性不足：尽管农药喷洒无人机通过远程控制和智能化设计提升了操作便捷性，但仍存在技术门槛较高的问题。操作界面复杂，参数设置繁琐，不同品牌和型号的农药喷洒无人机控制方式不一，增加了使用难度，影响了果农的使用体验。同时，设备的复杂性也导致培训需求增加，用户需要掌握多项操作技能才能有效使用。

基于四川地区的智能果园农药喷洒无人机在应用中面临喷洒效率、环境和健康风险、高运营成本、地形适应性差及用户体验不佳等痛点。要解决这些问题，需要在设计中优化喷洒系统，提高精准度和负载能力，增强设备的环境适应性和安全性，并简化操作界面和维护流程，以提高果农的接受度和使用满意度，从而实现果园病虫害防治的现代化与高效化。

**（2）痛点分析与改进**

设计痛点分析与改进，见表5-5。

表5-5　基于四川地区的智能果园农药喷洒无人机设计痛点分析与改进

| 流程阶段 | 用户交互流程 | 主要功能 | 痛点 | 改进 |
|---|---|---|---|---|
| 启动阶段 | 用户通过手机App或平板电脑启动农药喷洒无人机 | 检查农药喷洒无人机的电量、药剂量及飞行状态 | 启动时需手动检查各项参数 | 自动检测状态并提示 |
| 任务设定 | 用户设定飞行路径、喷洒区域、喷洒参数 | 实时数据支持，如天气预报、地形图、植被覆盖 | 参数调整多，学习曲线陡 | 简化设置界面，增加智能路径和参数优化功能 |
| 喷洒作业 | 农药喷洒无人机自动起飞，按设定路线喷洒 | 障碍物检测，实时监控喷洒速率、药剂消耗、覆盖情况 | 作业过程缺乏及时反馈 | 增强监控功能，支持语音提示和报警系统 |
| 反馈与调整 | 实时查看作业状态，调整参数 | 系统反馈航线偏移、喷洒不足等异常情况 | 无法及时掌握喷洒进度和效果 | 增加即时反馈与调整功能，用户可随时修改作业状态 |
| 结束与维护 | 农药喷洒无人机自动返回降落，查看作业报告 | 显示喷洒面积、药剂使用量、飞行时间 | 维护和参数调整需重复人工操作 | 提供自动报告生成与提示维护步骤，简化维护流程 |

**（3）方案细节详图**

方案细节详图，见图5-17、图5-18。

图5-17　基于四川地区的智能果园农药喷洒无人机细节展示（作者：吴零蝶，指导教师：谢淑丽）

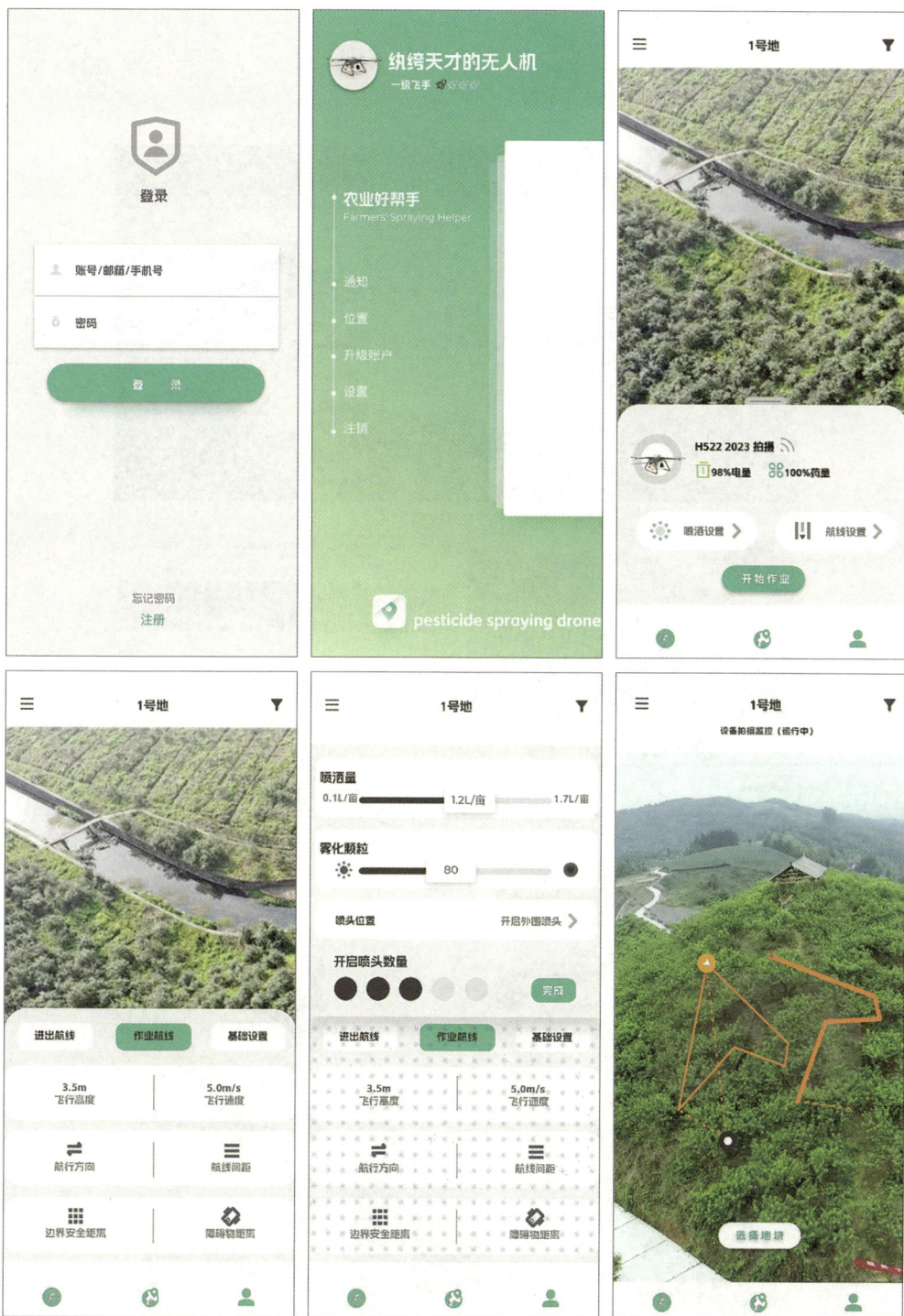

图5-18　基于四川地区的智能果园农药喷洒无人机界面设计（作者：吴零蝶，指导教师：谢淑丽）

## （4）方案展示图

方案展示图，见图5-19。

图5-19 基于四川地区的智能果园农药喷洒无人机设计展示图
（作者：吴零蝶，指导教师：谢淑丽）

# 5.4　针对特殊群体的智能产品概念设计

## 5.4.1　视障女性卫生巾设计

根据世界卫生组织发布的数据，目前全球约有3.38亿人患有中度或重度视力障碍，其中盲人和中重度视力障碍者中有55%是女性。在这些视障女性中，96%在月经期间使用卫生巾。然而，由于无法及时更换卫生巾和缺乏有效的经期卫生管理，90%的女性存在不同程度的妇科疾病。这表明，视障女性在月经期间面临的卫生管理问题较为严重，需要更便捷、有效的解决方案来改善她们的健康状况。

### 5.4.1.1　可行性分析

视障女性在购买和使用卫生巾时面临着诸多挑战，市面上缺乏标注盲文或有特殊设计的卫生巾，使得她们的经期管理变得更加困难。因此，针对视障女性设计专用卫生巾具有非常重要的意义和可行性。

① 购买方式与可行性分析：目前，市面上没有针对视障女性设计的卫生巾产品，这使得她们在独立购买时难以辨别卫生巾的尺寸、类型和品牌。视障女性在选购卫生巾时，通常依赖家人、朋友或网购平台的帮助；而在突发情况下，她们可能需要在超市购买，这时只能通过触觉辨别包装的纹理和手感差异，决定购买哪种产品。

② 无障碍包装设计分析：在卫生巾包装上增加盲文标签、凸起符号、触觉标识或特殊纹理，以帮助视障女性通过触摸区分产品的长度、吸收量、类型及品牌。这一设计方案技术难度较低，成本增加有限，同时具有极高的实用性，能够显著提高视障女性在购买卫生巾时的独立性和便捷性。

③ 改进在线购物体验分析：电子商务平台应提供更详细的产品描述，包含触觉细节说明和真实的用户体验反馈，并优化无障碍功能，如语音描述和盲文转换服务。结合屏幕阅读器和语音助手，视障女性能够更好地获取产品信息。这种优化具有较高的可行性，能够通过软件更新和内容改进来实现，提升视障用户的购买体验。

④ 超市货架无障碍标识设计分析：超市可以在卫生巾货架上加装盲文标识或其他触觉提示，帮助视障女性自主选择产品。这一方案的实施需要超市和品牌方的

配合，但难度不大且可以迅速推行，帮助改善视障女性的购物体验。

⑤ 使用行为方式分析：使用卫生巾对于视障女性来说是一项挑战，因看不见卫生巾的粘贴位置，她们通常需要耗费更多时间确保正确的粘贴位置，以避免侧漏。同时，为了保证卫生巾的及时更换，视障女性通常会依赖闹钟或计时器来记录时间。

⑥ 卫生巾结构设计分析：在卫生巾背面添加凸起的小点或引导线，作为定位辅助功能，帮助视障女性在使用时更精准地粘贴卫生巾。这一改进设计简单易行，能够明显提升用户体验，其技术实现和成本增加都是可控的，极具市场推广潜力。

⑦ 智能提醒功能分析：设计带有智能提醒功能的卫生巾产品或配件，如集成了震动或语音提示的卫生巾夹或佩戴设备，帮助视障女性及时更换卫生巾，保障经期卫生管理。这种产品设计需要一定的技术支持，但结合现有的可穿戴设备和物联网技术，该方案具有较高的可行性，且符合未来智能健康管理的发展趋势。

⑧ 专属月经追踪App分析：开发专门为视障女性设计的月经追踪App，配备

语音导航、盲文阅读等功能，帮助她们更好地管理经期信息和预测周期。基于已有的智能手机功能和App开发技术，这一解决方案成本较低，开发周期短，市场前景广阔。

总之，针对视障女性卫生巾设计不仅仅是产品改良，更是社会支持和倡导的一部分，能够体现社会的包容性和对少数群体的关怀。有关医疗部门可以通过公益活动为视障女性提供免费的妇科检查和健康指导，帮助她们了解并管理自己的生理健康状况。视障组织也可以定期举办科普讲座，教授她们如何选择和使用不同类型的卫生巾。全社会应共同努力消除月经羞耻，尊重每一位女性的生理特征，尤其是视障女性。对于她们在经期中遇到的困难，社会成员应给予理解和帮助，而非嘲讽或歧视。

针对视障女性设计的卫生巾及其相关产品，不仅可以解决她们在经期中的具体困难，还能够提高她们的生活质量和社会参与度。这些设计方案的可行性分析表明，大部分改进措施在技术上是可行的，成本上是合理的，并且能够迅速投入市场。在未来的发展中，企业和社会各界应当积极参与到这一领域中，推动更具包容性和人性化的产品和服务设计。

### 5.4.1.2 设计理念

视障女性在经期过程中面临的独特挑战不仅仅停留在生理和情绪层面，还包括卫生管理和自我护理的实际问题。这些挑战使得设计专为视障女性使用的卫生巾具有重要性和必要性。通过进一步阐明视障女性在经期的需求与困难，可以更好地理

解针对她们的设计需求，并推动社会和相关行业的支持和改进。

① 生理体验：视障女性在经期过程中，通常会经历与普通女性相似的生理不适，如痛经、乳房胀痛和疲劳等。然而，由于视力障碍，她们无法通过观察身体变化来预判和缓解这些不适症状。例如，无法看到经血的颜色和量的变化，这会增加她们的困惑和不安。因此，设计一款能够通过触觉、声音或其他感官信号提示经期变化的卫生巾尤为重要。这样的设计可以帮助她们更好地了解自己的身体状况，及时采取必要的措施，减少焦虑和不安感。

② 情绪波动：经期的生理变化会引发女性的情绪波动，如情绪低落、焦虑、易怒等。对于视障女性而言，这些情绪问题可能会因为感知能力的限制而被放大，进一步影响她们的日常生活和社交活动。因此，在设计专门的卫生巾时，应考虑如何通过贴心的设计来舒缓她们的情绪。例如，在卫生巾包装上添加触觉标识，或内置温和的香味释放机制，为用户提供心理上的安慰和支持。

③ 卫生问题：视障女性在月经期间可能会遇到无法及时更换卫生巾的困难，这不仅会带来不适感，还会增加感染妇科疾病的风险。为了解决这些卫生问题，有必要设计出带有特殊提醒功能的卫生巾，例如通过振动提示使用者进行更换。此外，考虑到她们在使用过程中可能存在的操作困难，卫生巾的设计应当尽可能简便，避免复杂的包装和使用步骤，帮助视障女性更容易地保持经期卫生。

④ 自我护理：对于视障女性而言，自我护理不仅仅是日常生活中的一部分，更是在经期时尤为重要的一项任务。针对这些需求，设计适合视障女性使用的卫生巾可以加入如湿度感应、抗菌材料以及自清洁技术等先进功能，帮助她们更好地进行自我护理。同时，在包装和说明书的设计上加入盲文或音频说明，能进一步提高她们使用卫生巾的便捷性和自信心。

⑤ 针对视障女性设计卫生巾的重要性：视障女性在经期的生理和心理需求与一般女性相似，但她们由于视力障碍而面临更多挑战。因此，为她们设计专用的卫生巾，能够显著提升她们的经期体验和生活质量。无障碍设计的卫生巾不仅要满足基本的功能需求，如防漏、舒适和安全，还需要特别考虑她们在使用过程中的便利性和可操作性。

通过提供无障碍的卫生用品、个性化的经期管理工具和适配的卫生教育和指导，社会可以为视障女性创造更包容、更具支持性的环境。与此同时，视障女性也应该积极参与到自身的健康管理中，保持积极的心态和良好的生活习惯，使用创新的卫生产品来更好地管理经期健康。通过这些措施和设计，能让视障女性更加自信、舒适地应对经期的各种问题和挑战。

## 5.4.1.3　方案设计

### （1）现有产品痛点分析

现有产品痛点分析，见图5-20。

| | | |
|---|---|---|
| 产品细节没有明显标注 | 无法及时了解出血状况 | 卫生管理不及时 |
| 包装无盲文信息引导使用 | 无法监测经血情况，如出血量、经血颜色、白带颜色等有效信息，侧漏等问题 | 无法及时发现月经来潮，无法分辨经血和分泌物，无法及时更换卫生巾 |
| 卫生巾购买问题 | 卫生巾使用问题 | 安睡裤体积大，体感不适 |
| 线下购买不方便，不敢尝试其他品牌，不易辨别长度（夜日用分不清） | 无法分辨卫生巾正反前后，分辨正反前后无标准，摸索过程中污染卫生巾，滋生细菌，还有护翼粘贴问题 | 安睡裤使用方便，但体积较大，且闷热，容易滋生细菌 |

图5-20　现有产品痛点分析

### （2）用户体验地图

视障女性卫生巾设计用户体验地图，见图5-21。

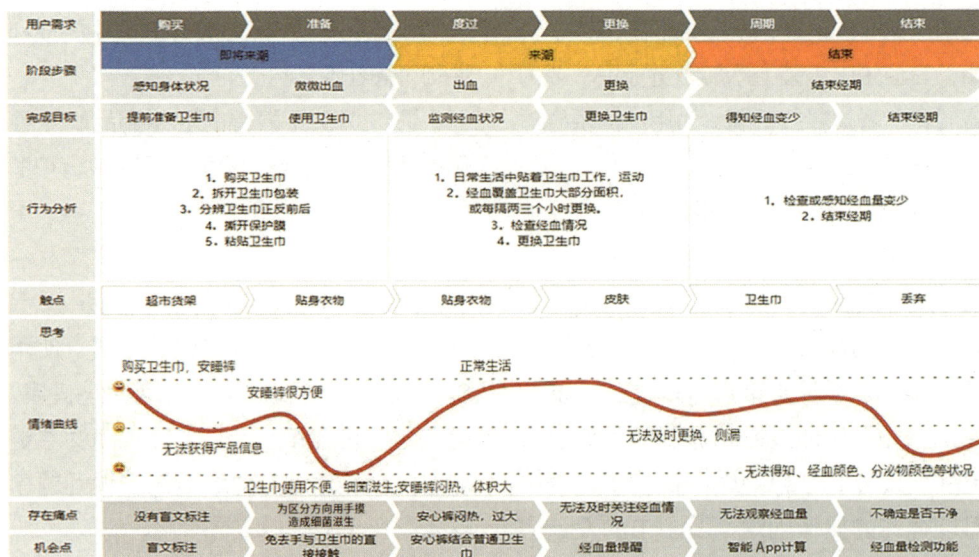

图5-21　视障女性卫生巾设计用户体验地图

## （3）方案细节详图

视障女性卫生巾设计细节详图，见图5-22。

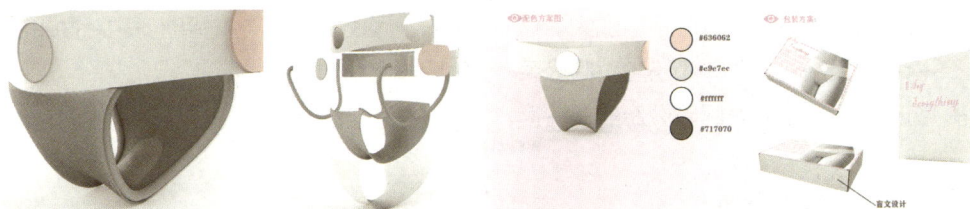

图5-22　视障女性卫生巾设计细节详图（作者：黎馥嘉，指导教师：谢淑丽）

## （4）方案展示图

视障女性卫生巾设计方案展示图，见图5-23。

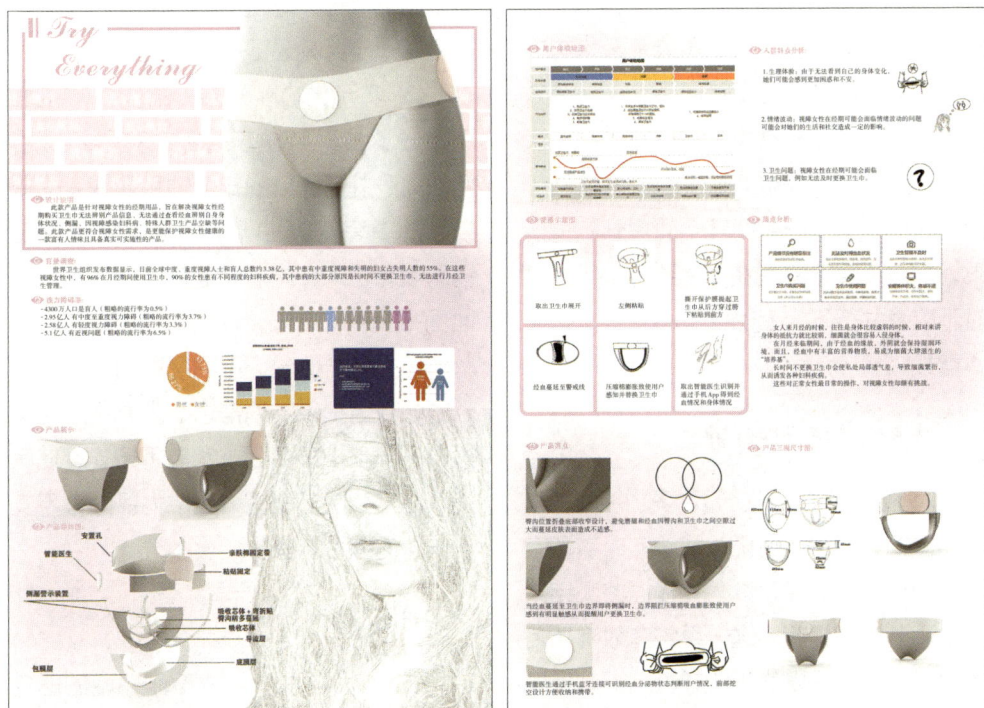

图5-23　视障女性卫生巾设计方案展示图（作者：黎馥嘉，指导教师：谢淑丽）

## 5.4.2 针对井下工作者的智能多功能面罩设计

随着环境污染问题的日益严重，尤其在工地、矿洞和井下等特殊工作环境中，空气质量对工人健康的威胁不断加大。这些环境中常见的有害气体和粉尘对呼吸系统的伤害极大，工人对呼吸健康的关注度持续提升。传统防护装备已难以满足特殊工作环境中对空气质量的实时监测和防护需求，因此，开发一款智能多功能面罩成为解决问题的关键。

### 5.4.2.1 可行性分析

#### （1）设计背景与现状分析

井下环境具有空气污浊、粉尘浓度高、照明不足、通风条件差等特点，这些恶劣环境对工人的健康造成了严重威胁。现有的防护面罩普遍存在功能单一、防护效果不佳、佩戴不舒适等问题，无法有效满足井下工作者的需求，导致呼吸系统疾病、眼部疾病、听力损伤等健康隐患频发。因此，研发一款能够全面提升防护效果、舒适性和功能性的智能多功能面罩，对于改善井下工作者的健康和安全具有重要意义。

#### （2）技术设计可行性分析

① 智能过滤系统：智能多功能面罩集成先进的智能过滤系统，能够实时监测空气中的粉尘和有害气体，并根据监测结果自动调节过滤强度。这一系统有效阻挡各类有害物质，提供优越的呼吸防护，保障井下工作者的呼吸健康。此外，面罩的过滤材料可以定期更换，保持持续的防护性能，适应不同污染浓度的复杂工作环境。

② 人体工程学设计：为提升佩戴舒适性，面罩采用符合人体工程学的设计，质量轻、贴合面部曲线，能够在长时间佩戴时减弱不适感。面罩的头带和密封结构均可调节，以适应不同佩戴者的需求，同时采用透气性良好的材料，减轻闷热感和压迫感，显著减轻工人的作业疲劳。

③ 多元化功能拓展：智能多功能面罩集成了照明、通信、定位等多种功能，全面提升井下作业的安全性和效率。面罩自带的高亮度LED灯具备低光环境下的辅助照明功能；内置通信模块能够实现与地面指挥中心的无线通信，提升沟通效率；定位功能则能够实时追踪工人位置，为紧急救援提供准确信息。多元化的功能集成进一步丰富了面罩的应用场景，使其不仅是一款防护设备，更成为保障井下安全作业的综合装备。

#### （3）市场分析

① 市场需求：井下工作环境的恶劣性对防护装备提出了更高的要求，智能多功能面罩的多功能防护设计能够有效填补市场空白。随着环保法规的日益严格和企业对员工健康安全的重视程度提高，市场

对智能防护装备的需求正在快速增长。特别是在矿业、隧道建设、地下施工等领域，井下工作者对具有智能检测和防护功能的面罩存在迫切需求。

② 竞争优势：智能多功能面罩相比传统面罩具有显著优势，体现在功能集成化、智能化和舒适性提升等方面。智能过滤系统与环境监测的结合使其具备精准的防护能力；人体工程学设计确保长时间佩戴的舒适性；多功能拓展则提升了设备的附加值和实用性。这些优势不仅为井下工作者提供了更高水平的健康保障，还提升了设备在市场中的竞争力。

③ 经济效益：尽管智能多功能面罩的研发和生产成本高于传统面罩，但其多功能集成带来的增值效益显著。通过有效防护、降低健康风险、提升作业效率和减少工伤事故等，可以为企业节省大量的健康管理和赔偿费用。在长远的经济效益计算中，这种面罩的使用将为企业带来更高的投资回报率。

**（4）发展前景分析**

随着科技进步和市场需求的推动，智能多功能面罩有望在未来得到广泛应用，并成为井下工作者的标准防护装备。通过不断优化和技术升级，智能面罩将朝着更加轻量化、智能化和人性化的方向发展。其在保障工作者健康和提升作业效率方面，将推动智能防护装备市场的进一步成长。

智能多功能面罩的设计符合当前智能防护装备的发展趋势，具备显著的技术可行性和市场潜力。通过创新的过滤系统、符合人体工程学的舒适设计和多功能应用拓展，该面罩能够有效应对井下环境的复杂挑战，为工作者提供全方位的健康与安全保障。

## 5.4.2.2　设计理念

随着环境污染问题日益严重，人们对呼吸健康的关注度不断提高。在工地、矿洞、井下等特殊工作环境中，空气质量的改善和科技的进步推动了防护装备的更新换代。智能多功能面罩作为一种新型防护装备，专为井下、矿洞等高风险环境中的工作者设计，旨在满足其在恶劣环境中对呼吸健康的特殊需求。

① 智能空气质量监测：面罩配备空气质量传感器，能够实时监测周围空气中的粉尘、有害气体及其他污染物。传感器的集成设计使面罩可以根据监测到的空气质量自动调整防护策略，并通过内置警示系统及时提醒用户采取必要的防护措施。这一智能监测功能有效提升了面罩的防护能力，保障工作者的呼吸健康。

② 舒适与便捷的佩戴设计：针对井下工作者长期佩戴防护装备的需求，智能多功能面罩在佩戴设计上充分考虑了人体工程学。面罩采用两条可伸缩绳设计，用于稳定包裹头部，使用时只需简单地打开一端即可轻松佩戴。呼吸口部位贴合鼻翼，用户可根据自身需求选择最舒适的佩戴角度，减少面罩压迫感和使用疲劳感。此设计提升了用户在恶劣工作环境中的佩戴体验。

③ 多功能集成与拓展：智能多功能面罩不仅限于呼吸防护，还结合了现代科技，为井下工作者提供多样化功能。呼吸装置旁边是集成蓝牙模块，用户可以通过自主连接，实现与其他设备的交互，例如实时查看空气质量数据、接收指示信息等。蓝牙功能的引入不仅增强了面罩的智能化体验，也提升了操作的便捷性，适应了当前智能装备向多功能化发展的趋势。

④ 耐用与安全：面罩材料采用高耐用性和具有防护性能的材料，适应在井下等恶劣环境中长时间使用的需求。面罩整体结构设计符合防尘、防水等安全标准，确保在复杂情况下依然能够提供稳定的保护。透气性和密封性的结合不仅保障了呼吸的舒适度，更有效阻挡外部污染物的侵入。

⑤ 场景适用性：智能多功能面罩针对井下工作者、矿洞作业人员以及其他大气污染严重地区的工人而设计，其场景适用性强。在这些特殊工作环境中，面罩能够为使用者提供全面、智能、易于操作的防护解决方案，显著提升工作安全性和效率。

智能多功能面罩的设计理念聚焦于井下工作者的实际需求，通过智能化监测、舒适佩戴、多功能拓展及高安全性，为工作者提供全方位的防护。面罩不仅具备传统防护装备的基本功能，还进一步融合了智能科技的发展趋势，体现出面罩在智能化、舒适化和功能多样化方面的创新设计思路。未来，智能多功能面罩将成为井下及其他特殊工作环境中不可或缺的防护装备，引领智能防护装备的发展方向。

### 5.4.2.3　方案设计

#### （1）痛点分析

痛点分析，见表5-6。

**表5-6　针对井下工作者的智能多功能面罩设计痛点分析**

| 痛点 | 问题分析 | 解决方案 | 预期效果 |
| --- | --- | --- | --- |
| 佩戴不舒适 | 井下工作者长时间佩戴面罩，现有面罩设计不合理，材料较重，导致佩戴时压迫感强、透气性差，容易引发疲劳 | 选用轻质材料，优化面罩结构设计，符合人体工程学，提升透气性和舒适度 | 降低长时间佩戴的疲劳感，提高佩戴舒适性，提升工作效率 |
| 功能单一 | 传统面罩功能有限，仅具备防尘或防毒功能，难以满足井下多变环境的需求，限制了作业的安全 | 集成防尘、防毒、空气质量监测、通信、定位、照明等多功能，实现一罩多用 | 提高面罩的实用性和适应性，满足多场景需求，提升工作效率和安全性 |
| 维护困难、使用寿命短 | 井下环境复杂，传统面罩的清洗维护困难，滤芯更换不便，使用寿命短，增加了企业的维护和更换成本 | 采用易拆卸设计，方便清洗和更换滤芯，加强耐用性测试，延长使用寿命 | 降低维护成本，提高面罩的性价比，延长使用寿命，简化维护流程，提高整体使用效果 |

## （2）设计思路

设计思路，见图5-24、图5-25。

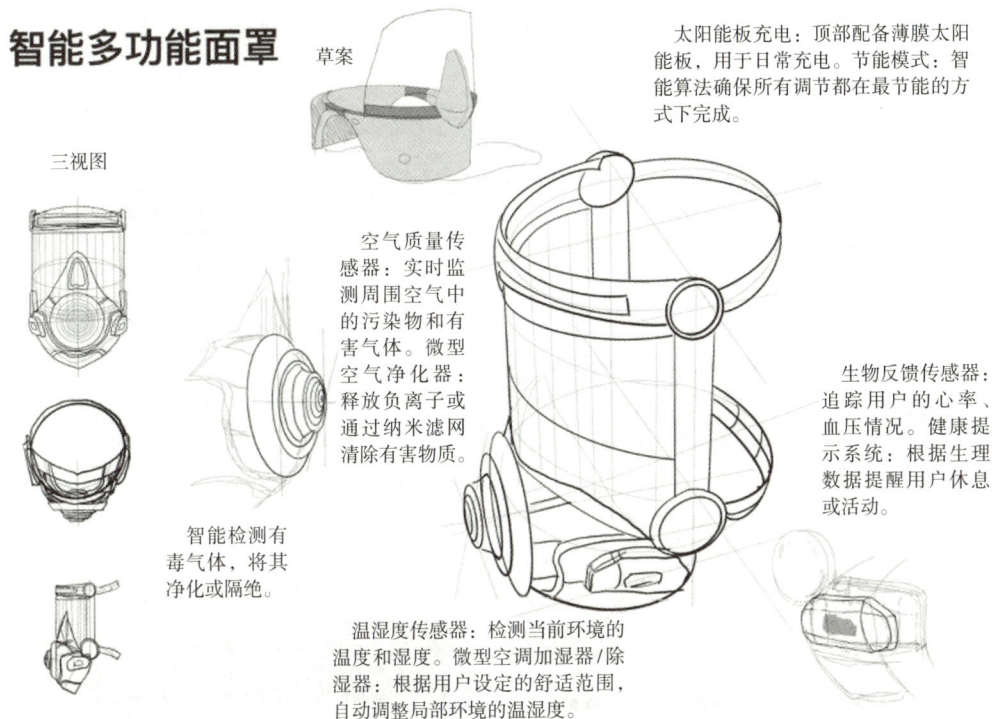

智能多功能面罩

草案

太阳能板充电：顶部配备薄膜太阳能板，用于日常充电。节能模式：智能算法确保所有调节都在最节能的方式下完成。

三视图

空气质量传感器：实时监测周围空气中的污染物和有害气体。微型空气净化器：释放负离子或通过纳米滤网清除有害物质。

生物反馈传感器：追踪用户的心率、血压情况。健康提示系统：根据生理数据提醒用户休息或活动。

智能检测有毒气体，将其净化或隔绝。

温湿度传感器：检测当前环境的温度和湿度。微型空调加湿器/除湿器：根据用户设定的舒适范围，自动调整局部环境的温湿度。

图5-24　针对井下工作者的智能多功能面罩设计思路（作者：董师臣　陈柏屹　梁乾鑫，指导教师：谢淑丽）

## （3）方案细节详图

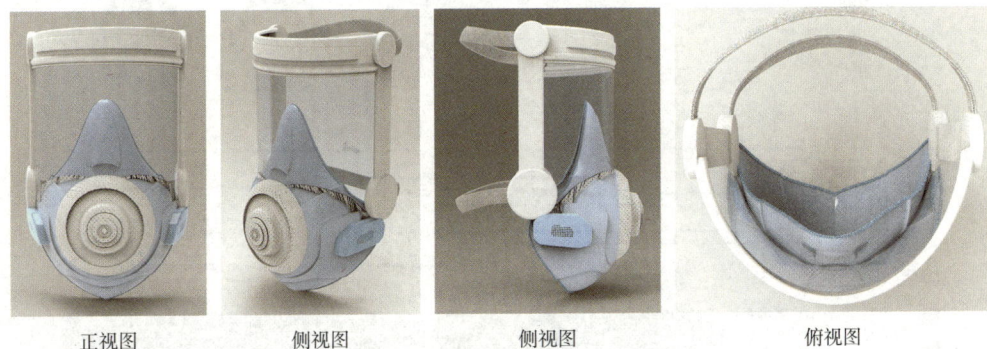

正视图　　　　侧视图　　　　侧视图　　　　俯视图

图5-25　针对井下工作者的智能多功能面罩设计细节图（作者：董师臣　陈柏屹　梁乾鑫，指导教师：谢淑丽）

## （4）方案展示图

方案展示图，如图5-26。

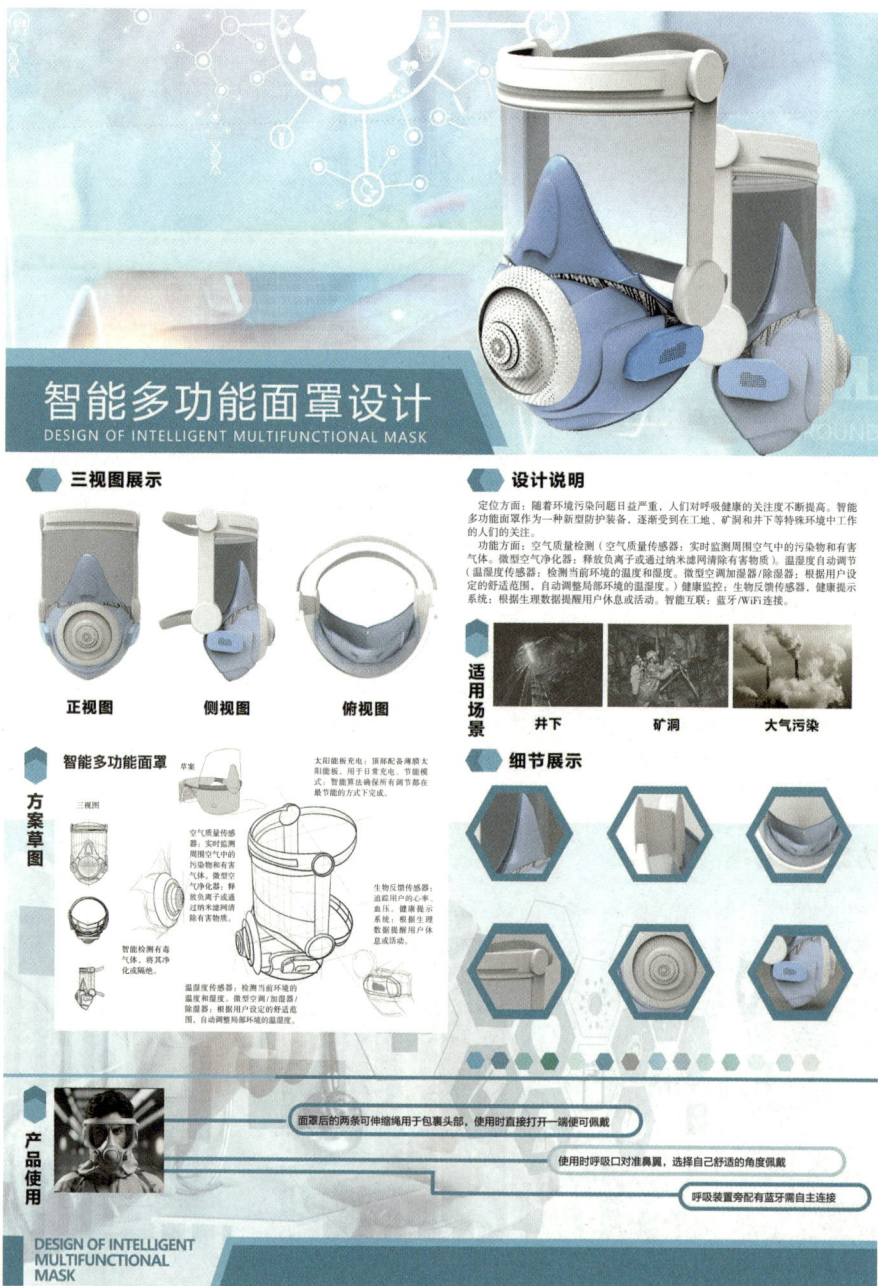

图5-26 针对井下工作者的智能多功能面罩设计展示图
（作者：董师臣 陈柏屹 梁乾鑫，指导教师：谢淑丽）

## 小　结:

　　本章通过分析智能产品概念设计的案例，系统地探讨了智能产品的设计思路与方法。从需求调研到功能规划，再到设计方案的实施，每一步都紧密结合用户需求和技术发展趋势。通过对具体案例的剖析，展示了如何在多种复杂因素中平衡创新性与实用性，确保设计方案能够有效解决实际问题，满足目标用户的期望。

　　在案例分析过程中，重点关注了智能产品的功能设计、交互体验以及可持续性等方面，特别是技术创新与用户体验之间的关系。通过对具体设计流程的解读，深入分析了设计师如何在产品研发中融合多学科知识，提升产品的市场竞争力。

## 思考与习题:

　　1. 在设计智能产品的过程中，如何平衡创新性与实用性？结合本章案例，思考你认为最成功的创新设计元素与实际应用之间的关系。

　　2. 在智能产品的功能设计中，如何确保对用户需求的准确把握？通过本章案例，分析用户调研的作用及其对设计方案的影响。

# 参考文献

［1］尹虎，刘静华.产品概念设计［M］.北京：中国铁道出版社，2015.

［2］周敏.智能产品设计［M］.北京：化学工业出版社，2021.

［3］邢袖迪.智能家居产品：从设计到运营［M］.北京：人民邮电出版社，2015.

［4］盛生云，萧筝，雷兵.数字制造科学与技术前沿研究丛书：大数据时代的产品智能配置理论与方法［M］.武汉：武汉理工大学出版社，2018.

［5］张小强.工业与互联网融合创新系列：工业4.0智能制造与企业精细化生产运营［M］.北京：人民邮电出版社，2017.

［6］杨小静，邓曙立，曹小琴.基于无障碍设计理念的老年助行产品设计研究［J］.工业设计，2019，（3）：66-67.

［7］邹枫.智能交通车路协同系统数据交互方式设计与验证[D].北京：北京交通大学，2014：52-54.

［8］刘新，莫里吉奥·维伦纳.基于可持续性的系统设计研究[J].装饰，2021（12）：25-33.

［9］王江涛，何人可.基于用户行为的智能家居产品设计方法研究与应用［J］.包装工程，2021，42（12）：142-148.

［10］李思娴，邓嵘.体医融合视角下慢性病移动医疗设计策略研究［J］.包装工程，2020，41（12）：202-206.

［11］王罗方.加速丘陵山区农业机械化的途径与措施——以湖南省为例［J］.湖湘论坛，2015，28（1）56-60.

［12］李久熙，张建伟，王春山.农机产品造型设计研究［J］.中国农机化学报，2013，34（3）：125-126.

［13］柳沙.基于SD量表的农机产品色彩感性体验研究［J］.农机化研究，2010，32（4）：50-54+57.

［14］李北海，姚加飞，付祥钊.中庭式大空间建筑火灾探测器的选用方法[J].重庆大学学报（自然科学版），2002，25（5）：73-75.

［15］谷青川，赵辉，王鹏.浅析自动消防系统重要性[J].科技创新与应用，2015
（25）：292.

［16］王爱斌，高健，徐谷丹，等.加拿大林火研究与管理发展的思考与启示[J].森林
防火，2024，42（1）：1-5.

［17］黄河，杨明刚.基于感性工学的老年人智能产品可用性研究［J］.机械设计，
2016，33（4）：109-112.

［18］吕伟通，钟颖珊，祁瑞娟.家用医疗器械行业发展趋势和现状［A］.广东省医疗
器械质量监督检验所，2018.

［19］卢维佳.文创产品的设计元素获取与创新［D］.长沙：湖南大学，2015.

［20］赵江淇，张军，龚克.第二条设计真知：当代工业产品设计可持续发展的问题
［M］.石家庄：河北美术出版社，2003.

［21］刘新，余森林.可持续设计的发展与中国现状［D］.北京：清华大学，2009.

［22］柳淑仪.概念产品与产品概念设计［J］.家具与室内装饰，2003（11）：10-12.

［23］王文渊.基于LCA的产品概念设计关键技术研究［D］.济南：山东大学，2007.

［24］白月香.基于模块化的概念设计模型的研究［D］.南昌：华东交通大学，2006.

［25］徐妍.概念产品可持续设计［J］.工业设计，2011（10）：120-121.

［26］朱坚强，韩狄明.可持续发展概论［M］.上海：立信会计出版社，2002.

［27］梁玲琳.产品概念设计［M］.北京：高等教育出版社，2009.

［28］尹虎.工业设计创新与工业设计教育发展［J］.东岳论丛，2014（6）：153-156.

［29］兰玉琪，物联网发展给工业设计带来的机遇、挑战和对策［J］.包装工程2013，
34（12）：119-122.